COURS ÉLÉMENTAIRE DE MATHÉMATIQUES

ARPENTAGE
LEVÉ DES PLANS
ET
NIVELLEMENT

PAR F. J.-O. P.

CHEZ LES ÉDITEURS

TOURS
ALFRED MAME & FILS
Imprimeurs-Libraires

PARIS
POUSSIELGUE FRÈRES
Rue Cassette, 27

ARPENTAGE

LEVÉ DES PLANS

ET

NIVELLEMENT

Le Cours élémentaire de Mathématiques comprend les ouvrages suivants :

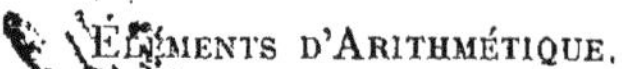

Éléments d'Arithmétique.
— d'Algèbre.
— de Géométrie.
— de Trigonométrie.
— d'Arpentage et de Nivellement.
— de Géométrie descriptive.

COURS ÉLÉMENTAIRE DE MATHÉMATIQUES

ARPENTAGE

LEVÉ DES PLANS

ET

NIVELLEMENT

PAR F. J.-O. P.

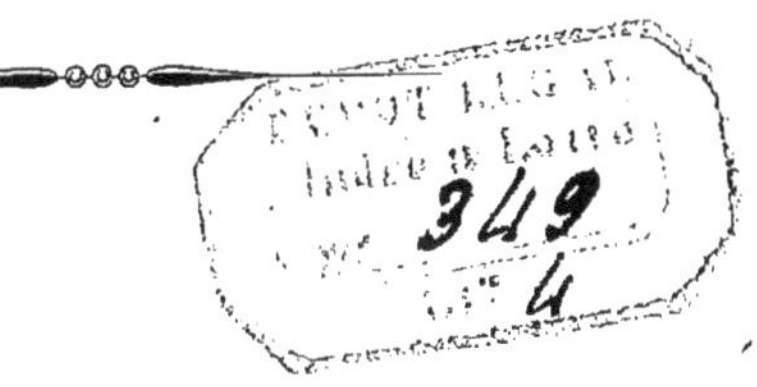

CHEZ LES ÉDITEURS

TOURS
ALFRED MAME & FILS
Imprimeurs-Libraires

PARIS
POUSSIELGUE FRÈRES
Rue Cassette, 27

1875

TABLE DES MATIÈRES

Préface VII

ARPENTAGE

Chapitre I. — Du tracé et de la mesure des lignes

§ I. — Instruments d'arpentage 1
§ II. — Alignements 4
§ III. — Perpendiculaires et parallèles 9

Chapitre II. — Évaluation des superficies

§ I. — Triangle et quadrilatère 14
§ II. — Figure quelconque 16

LEVÉ DES PLANS

Préliminaires 23

Chapitre I. — Du levé proprement dit

§ I. — Méthodes diverses 24
§ II. — Du graphomètre et de son emploi 28
§ III. — Des instruments à lunettes 33
§ IV. — De la boussole et de son emploi 38
§ V. — De la planchette et de son emploi 43

Chapitre II. — Reproduction du plan levé

§ I. — De la construction des angles 47
§ II. — Des échelles 49
§ III. — Report du plan 51
§ IV. — Reproduction des plans dessinés 55

CHAPITRE III. — QUESTIONS DIVERSES

§ I. — Lignes inaccessibles. 57
§ II. — Tracé des lignes. 62
§ III. — Triangulation. 66

CHAPITRE IV. — PARTAGE DES TERRAINS

§ I. — Arpentage des terrains dessinés 72
§ II. — Principes généraux et méthodes 74
§ III. — La droite de division doit passer par un point donné. . 76
§ IV. — La droite de division doit être parallèle à une droite donnée 82

NIVELLEMENT

CHAPITRE I. — NIVELLEMENT PROPREMENT DIT

§ I. — Niveaux simples 89
§ II. — Du niveau d'eau et de son emploi 91
§ III. — Niveaux à lunette. 99

CHAPITRE II. — PLANS COTÉS

§ I. — Du point, de la droite et du plan 108
§ II. — Courbes de niveau.. 115

CHAPITRE III. — TRACÉ DES ROUTES

§ I. — Niveau de pentes 120
§ II. — Principes généraux pour le tracé des routes. 122
§ III. — Tracé des alignements. 126
§ IV. — Tracé des courbes. 128
§ V. — Des profils 132
§ VI. — Cubature des terrasses. 137

NOTES

§ I. — Lavis des plans. 141
§ II. — Drainage. 145
§ III. — Table des tangentes et des cordes 148

PRÉFACE

L'ouvrage comprend trois traités : l'arpentage, le levé des plans et le nivellement.

Le programme généralement suivi est celui des conducteurs des ponts et chaussées; néanmoins on a cru devoir écarter les questions trop spéciales, telles que les formules pour le mouvement des terres, l'emploi des matériaux, l'exécution des œuvres d'art, etc.

Les instruments ont été dessinés d'après nature; on s'est beaucoup plus étendu sur la manière de les vérifier, de les régler et de les employer, que sur des détails purement techniques, car l'inspection attentive d'un instrument en apprend beaucoup plus que ne saurait le faire la plus minutieuse description; d'ailleurs les pièces sont très-variables, car chaque constructeur a ses types.

Les exemples donnés, loin d'être imaginés pour les besoins de la rédaction, se sont réellement présentés dans l'exécution des travaux.

L'arpentage forme un petit traité bien suffisant pour les écoles élémentaires. Dans les deux autres parties de l'ouvrage, beaucoup d'élèves pourront omettre les paragraphes relatifs à des instruments parfois trop coûteux pour que les écoles puissent se les procurer, mais qu'on rencontre dans tous les bureaux des ponts et chaussées et des chemins de fer. Ainsi : *Levé des plans*, chapitre I, § III, *Des instruments à lunettes; nivellement,* chapitre I, § III, *Niveaux à lunette;* on a eu soin de citer les exemples dans les paragraphes dont l'étude n'exige que les instruments les plus simples.

Dans la division des terrains, les nos 129, 130 et 136, relativement difficiles, ne paraissent utiles que pour compléter ce qui a rapport au partage des champs; on peut les supprimer.

La triangulation est nécessaire en cosmographie et dans les levés étendus; néanmoins le n° 111 n'appartient pas à l'enseignement élémentaire, et peut être omis sans inconvénient.

Le n° 164 devrait se trouver dans les préliminaires du nivellement; mais il a été relégué au paragraphe III, parce qu'on n'a intérêt à s'en occuper que lorsqu'on emploie les niveaux à lunette, et même on doit arriver à dire: « Généralement, on ne fait pas de correction. »

Les nos. 103 à 106 compris, indispensables pour le tracé des routes, ne sont que des questions purement géométriques, et, à ce titre, elles pourraient trouver place dans un autre ouvrage, et dès lors elles ne seraient plus reproduites dans celui-ci.

Une note traite de la question si importante du drainage; mais la nature de l'ouvrage ne comportait que les explications relatives au tracé des lignes de drains.

Les dessins donnés dans ce volume peuvent suffire; néanmoins, pour satisfaire à des désirs souvent manifestés, il sera publié des planches de plus grand format; elles seront en nombre suffisant pour pouvoir présenter un type des principaux travaux.

ARPENTAGE

CHAPITRE I

DU TRACÉ ET DE LA MESURE DES LIGNES

§ I. — Instruments d'arpentage.

1. L'*arpentage* est l'art de mesurer la superficie d'un terrain.

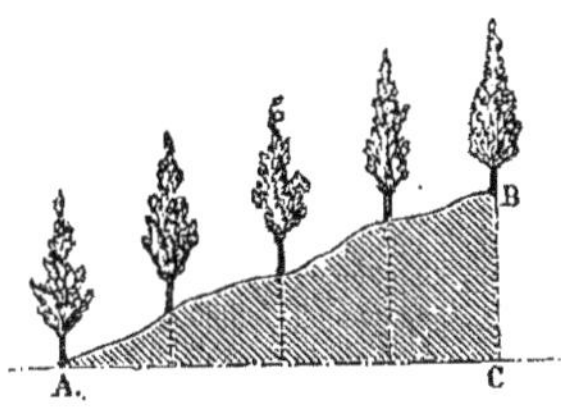

BASE PRODUCTIVE. Comme les végétaux croissent verticalement, on admet qu'un terrain en pente ne rapporte pas plus qu'un sol horizontal de même nature que le premier, et dont la superficie égale la projection horizontale du terrain considéré ; c'est pour cette raison qu'on évalue la *base productive* d'un terrain, et non la surface même du sol : ainsi, au lieu de AB, on mesure la projection horizontale AC.

2. INSTRUMENTS. L'arpentage élémentaire emploie les instruments suivants : les *jalons*, la *chaîne*, les *fiches* et *l'équerre d'arpenteur*.

3. JALONS. Les jalons sont des tiges de bois de 1 mètre 20 à

2 mètres; l'extrémité inférieure, terminée en pointe, est ferrée, afin qu'elle puisse facilement pénétrer dans le sol; l'extrémité supérieure porte parfois une planchette nommée *voyant*.

Les jalons doivent être placés verticalement, et lorsqu'une grande précision est nécessaire, on en contrôle la pose à l'aide du fil à plomb.

4. CHAINE D'ARPENTEUR. La *chaîne* ou *décamètre* est une mesure de longueur composée de 50 chaînons en fil de fer, réunis deux à deux par des anneaux de même métal; elle est terminée

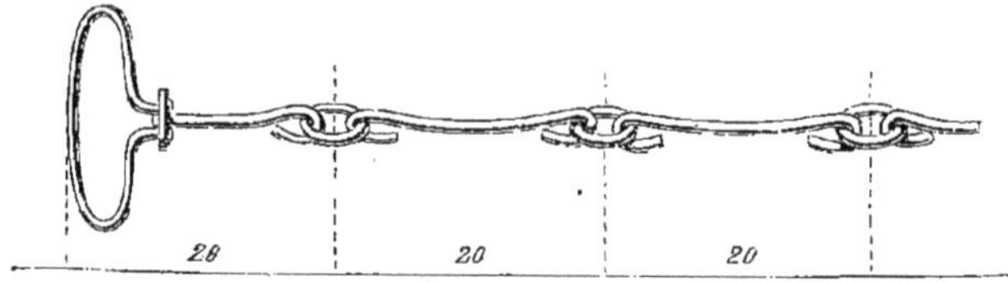

par deux poignées, et, sauf les deux chaînons extrêmes, un chaînon et la moitié de deux anneaux adjacents égalent 20 centimètres; les mètres sont indiqués par un anneau de cuivre, et le milieu du décamètre a une marque spéciale.

5. VÉRIFICATION DE LA CHAINE. Pour vérifier la chaîne, on la compare à une ligne droite de 10 mètres de longueur qu'on a tracée sur un plan horizontal, et que l'on a mesurée avec soin.

6. ROULETTE. La *chaîne de poche* ou *roulette* est un ruban étroit de toile que l'on enroule autour d'un axe. Ce décamètre,

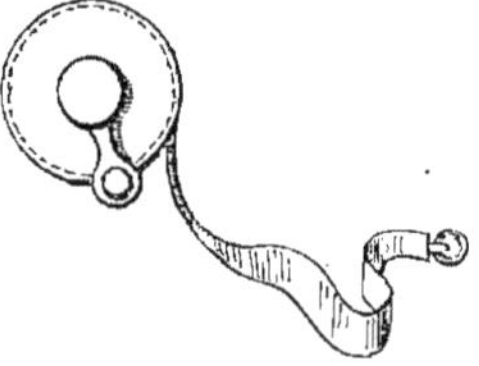

bon pour mesurer les détails, est très-portatif et d'un emploi facile, mais il offre peu de précision.

7. DÉCAMÈTRE-RUBAN. Le décamètre-ruban est un ruban d'acier de 10 mètres de longueur; il est terminé par deux poignées

creusées suivant leur longueur, et aussi suivant leur largeur, d'un canal semi-circulaire. Ce décamètre est gradué de 10 en 10 centimètres du bord extérieur d'une poignée au bord extérieur de l'autre; les mètres sont indiqués

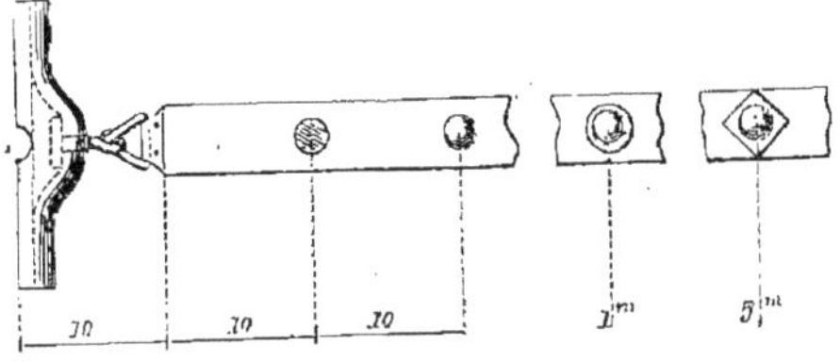

par un rivet de cuivre, et les décimètres le sont alternativement par une ouverture circulaire et par un rivet plus petit que celui qu'on emploie pour désigner les mètres.

8. Fiches. Les fiches sont des tiges de fer de 20 à 40 centimètres de long; elles sont recourbées en anneau à une de leurs extrémités.

La *fiche plombée,* plus longue et plus forte que les fiches ordinaires, est renflée vers la pointe, afin qu'elle tombe verticalement lorsque, la tenant par la partie amincie A, on l'abandonne à l'action de la pesanteur.

9. Équerre d'arpenteur. L'équerre est un cylindre ou un prisme régulier octogonal dans lequel on a pratiqué quatre fentes ou *pinnules* déterminées par deux plans rectangulaires, menés par l'axe : deux de ces pinnules, à 90° l'une de l'autre, ont leurs moitiés inférieures élargies de manière à former une petite fenêtre, tandis que les deux autres pinnules ont les fenêtres placées à leurs moitiés supérieures, de telle sorte que la disposition des fenêtres est inverse; un fil ou un crin est tendu verticalement au milieu de chaque ouverture, et permet de viser par la pinnule opposée avec plus de précision.

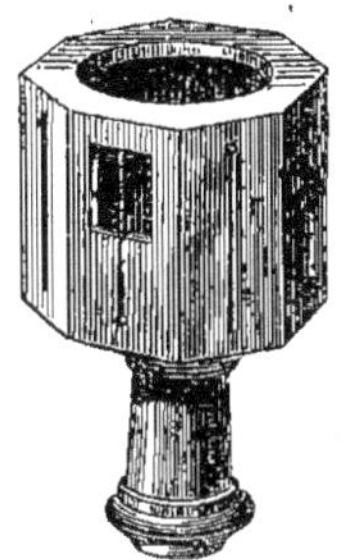

Quatre pinnules terminées par une petite fenêtre ronde ou *œilleton* déterminent deux nouveaux *plans de visée,* et chacun d'eux coupe les premiers sous un angle de 45°.

10. Remarque. Dans plusieurs instruments que nous aurons à

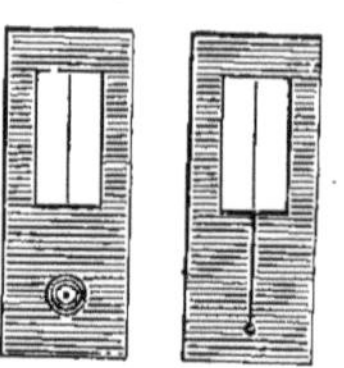

considérer plus tard, on donne le nom de pinnule à une plaque métallique où se trouvent, suivant la même direction, une fente ou un œilleton, et une fenêtre rectangulaire.

11. Le *pied d'équerre* le plus employé est une tige de bois de 1 mètre 20 à 1 mètre 40, ferrée à l'extrémité qui doit s'enfoncer dans le sol, et dont l'extrémité supérieure peut pénétrer dans une *douille* que porte l'équerre.

Dans les terrains rocailleux, on emploie un pied à trois branches.

12. Vérification de l'équerre. On vérifie l'équerre en examinant si les plans déterminés par les fentes opposées aux fenêtres rectangulaires sont à angle droit; pour cela, après avoir placé l'équerre verticalement, on vise un objet éloigné A, et l'on fait placer un jalon B à une distance de 40 à 50 mètres dans la direction indiquée par le second plan diamétral *bd;* puis, faisant tourner l'instrument sur lui-même, jusqu'à ce qu'on ait amené ce deuxième plan à passer par le point A, il faut que le premier plan de visée *ca* passe par le jalon B.

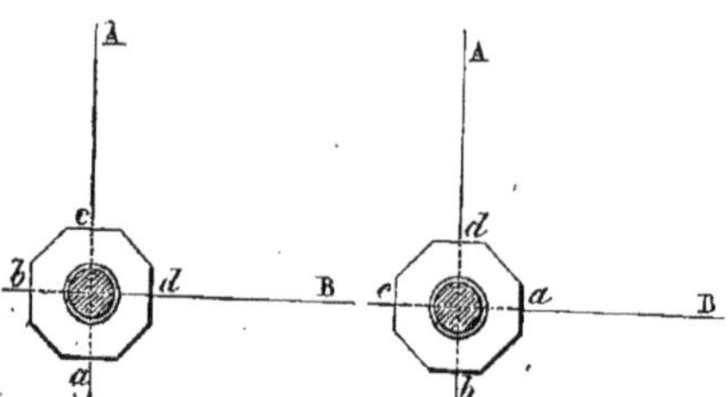

§ II. — Alignements.

13. L'*alignement* est une suite de points de la surface du sol situés dans un même plan vertical. La projection de ces points sur le plan horizontal est une ligne droite. Aussi, dans bien des cas, on dit : ligne droite, au lieu d'alignement.

14. Problème. *Jalonner une droite,* ou *tracer un alignement déterminé par deux points.*

Représentons par MN le plan vertical conduit par les points donnés A et B, et par *a* et *b* la projection horizontale des deux points. Après avoir fixé des jalons aux points A et B, on se met à quelques décimètres de A, en O, par exemple, on fait placer

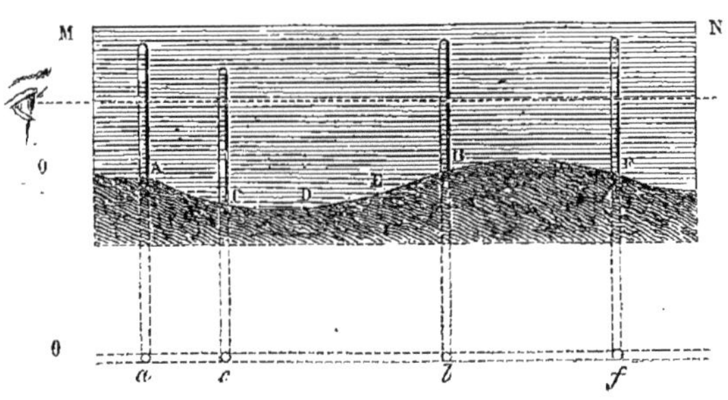

un jalon en C, de manière qu'il soit compris entre les rayons visuels tangents extérieurement aux jalons extrêmes A et B; on peut déterminer ainsi un nombre quelconque de points, D, E, etc. Pour prolonger l'alignement AB, l'arpenteur se met en avant du jalon B, en F, par exemple, et il place un jalon de manière telle, qu'il soit compris entre les rayons visuels tangents extérieurement aux jalons A et B.

15. Problème. *Tracer un alignement déterminé par deux points,* A *et* B, *qu'on ne peut voir simultanément que d'une station intermédiaire.*

On place l'équerre verticalement en un point C, d'où l'on puisse apercevoir les jalons A et B; puis on vise le jalon A, et on examine si le même plan de visée passe par le jalon B; si cela n'a pas lieu, et suivant l'écartement reconnu, on modifie la position de l'instrument jusqu'à ce qu'on en trouve une telle que le même plan diamétral de visée passe par les deux jalons.

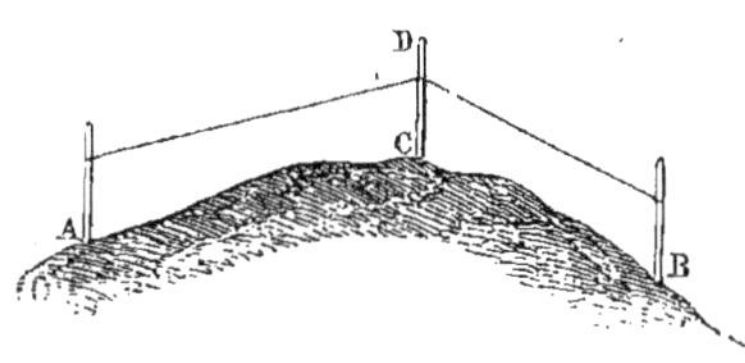

Remarque. Deux jalons peuvent remplacer l'équerre : il suffit d'opérer comme dans la question suivante.

16. Problème. *Tracer un alignement entre deux points* A *et* B, *qu'on ne peut pas apercevoir simultanément.*

On place en C et D des jalons tels que le point C soit sur l'alignement AD, et le point D sur l'alignement CB. On ne peut arriver à ce résultat qu'après quelques tâtonnements.

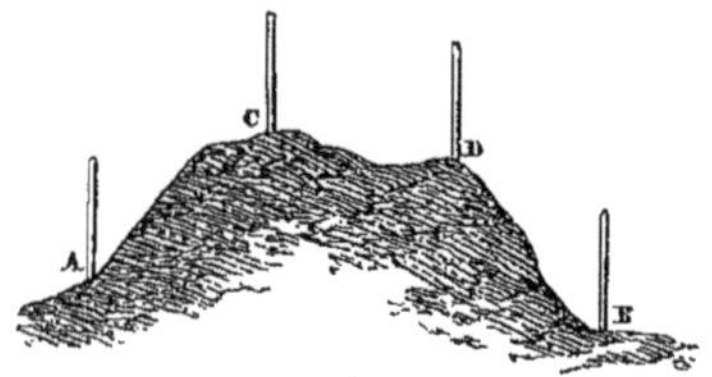

Remarque. Il est préférable de recourir au procédé indiqué au nº 26, Remarque; et quand il s'agit de grandes opérations, on procède comme au nº 102.

17. Problème. *Déterminer le point d'intersection de deux alignements.*

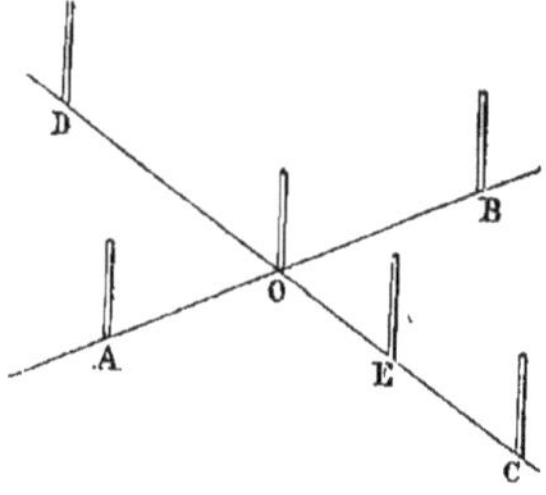

Par une première opération, on peut mettre un jalon au point E, sur CD; puis l'arpenteur, placé à proximité du point A, mène un rayon visuel tangentiellement aux jalons A et B, et fait avancer un aide suivant EC, jusqu'à ce que le jalon que ce dernier porte soit dans l'alignement AB; il est utile de s'assurer ensuite que les jalons C, O, D, sont bien dans un même plan vertical.

Remarque. L'emploi de l'équerre facilite la détermination du point d'intersection O, en fixe la position avec plus de précision, et n'exige qu'un seul opérateur; on se place d'abord sur un des alignements, AB, par exemple (nº 14); puis, se maintenant dans cette direction, on s'avance vers le point B, ou on s'en éloigne jusqu'à ce qu'un même plan de visée puisse passer par les jalons C et D.

18. Problème. *Mesurer une ligne horizontale.*

La ligne ayant été préalablement jalonnée, l'arpenteur appuie une des poignées de la chaîne contre le premier jalon; l'aide ou *porte-chaîne* tient la seconde poignée et les fiches; il marche dans la direction donnée jusqu'à ce que la chaîne soit parfaitement tendue; au besoin, il rectifie, d'après les signes qu'on lui fait, la position qu'il a prise; alors il enfonce dans le sol une fiche qu'il maintient tangente à l'intérieur de la poignée, et les deux opérateurs, relevant la chaîne, marchent dans la direction de l'alignement. L'arpenteur vient appuyer contre la première fiche la partie extérieure de la poignée qu'il porte; le porte-chaîne place une seconde fiche, et ainsi de suite; en quittant une station, l'opérateur lève la fiche, et lorsqu'il en a *dix*, il les rend à l'*aide*, et note 10 décamètres.

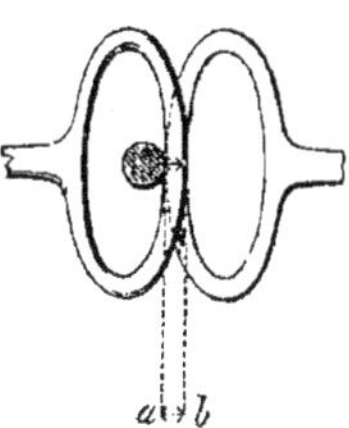

REMARQUE. Plusieurs arpenteurs placent dans tous les cas la fiche à l'intérieur de la poignée; alors on donne à la chaîne 4, 5 ou 6 millimètres de plus que les 10 mètres, afin de tenir compte de la grandeur AB, que l'on prend deux fois; mais on néglige la correction qu'il faudrait apporter dans le premier procédé, car l'épaisseur *ab* est prise aussi deux fois. Enfin, d'autres opérateurs mettent la poignée de la chaîne verticalement à côté de la fiche; avec cette disposition, à la longueur comptée, il faudrait ajouter autant de fois l'épaisseur de la fiche qu'on a eu de décamètres.

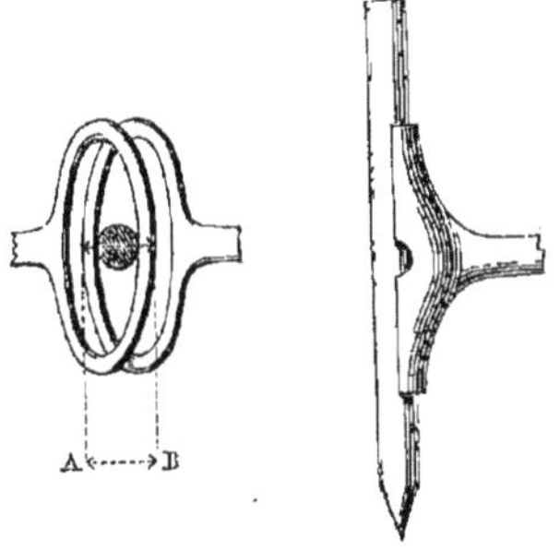

Lorsqu'on emploie le ruban d'acier (7), la moitié de l'épaisseur de la fiche se place dans la cavité cylindrique ou dans l'échancrure semi-circulaire que porte la poignée, suivant que celle-ci est disposée verticalement ou horizontalement.

19. PROBLÈME. *Mesurer un alignement non horizontal.*

Il faut tendre la chaîne horizontalement sans avoir égard

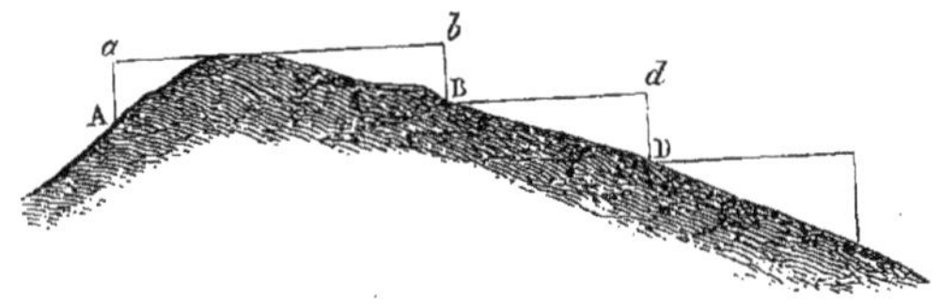

aux ondulations du sol; ainsi, au lieu de la courbe AB, on prend l'horizontale *ab*; de même B*d* remplace la droite inclinée BD.

Lorsque les sinuosités sont nombreuses et la pente considérable, on évalue la longueur en menant des horizontales de 5 mètres.

Pour avoir la projection B du point *b*, on laisse tomber la fiche plombée (n° 8), et lorsqu'il faut opérer avec précision, comme cela a lieu dans le tracé de l'axe d'un chemin de fer, on emploie le ruban d'acier, et à son extrémité on fixe le fil à plomb pour déterminer B.

La traction continuelle qu'il faut exercer sur le décamètre à mailles, quand il ne repose pas sur le sol, ouvre les anneaux et les boucles des chaînons; aussi faut-il fréquemment vérifier la chaîne (n° 5). Le décamètre-ruban présente de grands avantages : on le maintient horizontalement à l'aide d'une très-faible traction, et il ne peut pas s'allonger; aussi est-il toujours employé pour le tracé des chemins de fer.

20. Problème. *Mesurer une suite de droites faisant partie d'un même alignement.*

1er *procédé.* On mesure séparément chaque longueur AB, BC, CD, en plaçant successivement l'extrémité de la chaîne en B, en C.

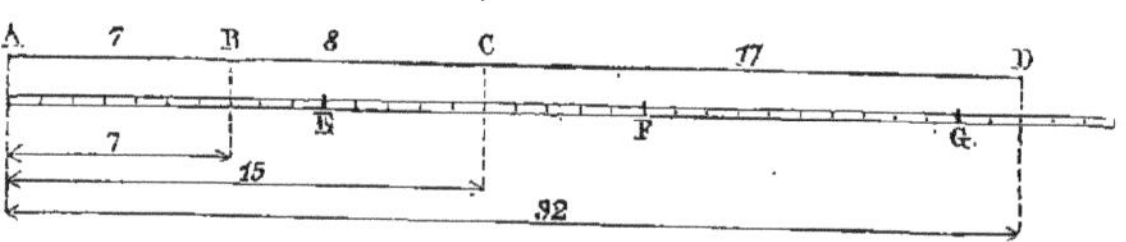

2e *procédé.* On mesure AD comme si c'était une seule et même ligne; mais lorsque la chaîne est tendue entre A et E, on lit la longueur AB, et on la note; lorsque la chaîne est tendue entre E et F, on lit pareillement la longueur AC, et ainsi de suite; en un mot, *en partant de l'origine, on cote toutes les distances, au passage, sans interruption.*

Remarque. Le premier procédé est très-long et généralement peu exact; car une erreur commise en B, par exemple, influe sur la position de tous les points suivants, C, D; néanmoins il présente l'avantage de donner directement les longueurs BC, CD nécessaires pour l'évaluation des superficies; lorsqu'on l'emploie, il faut mesurer la ligne totale et s'assurer qu'elle égale la somme des valeurs partielles obtenues. Le second procédé est plus rapide et en même temps plus exact, mais il ne donne pas immédiatement les longueurs BC, CD; néanmoins ce procédé, où les distances sont *cumulées*, est le seul usité dans les grands travaux.

21. *Vérification du chaînage.* Pour vérifier le résultat obtenu dans la mesure des droites, il faut effectuer un nouveau chaînage de la ligne. Avec le ruban d'acier, sur un kilomètre, on ne doit pas trouver plus d'un décimètre de différence entre deux opérations consécutives, lorsque le pays est peu accidenté; dans aucun cas cette différence ne doit être supérieure à deux décimètres, soit deux millimètres par décamètre. On est loin d'obtenir de tels résultats avec la chaîne ordinaire.

§ III. — Perpendiculaires et parallèles.

22. Problème. *Par un point pris sur une droite, élever une perpendiculaire à cette droite.*

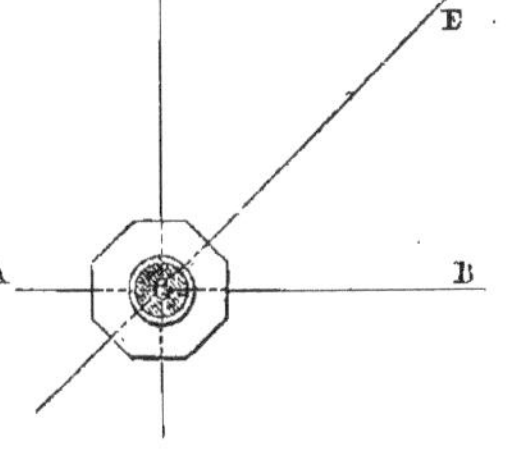

Il faut placer l'équerre au point C de la ligne AB, diriger un des plans de visée suivant AB, et faire placer un jalon dans la direction CD, indiquée par le plan de visée perpendiculaire au premier.

On procède d'une manière analogue pour mener une ligne CE à 45°.

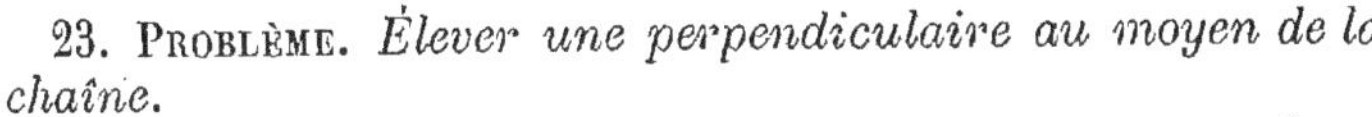

23. Problème. *Élever une perpendiculaire au moyen de la chaîne.*

Pour élever une perpendiculaire sur AB au point A, on peut mesurer une longueur AB de 3 mètres; du point A comme centre avec une longueur de 4 mètres décrire un arc, et du centre B, avec une longueur de 5 mètres, couper le premier arc en C : la droite AC est la perpendiculaire demandée, car

$$\overline{BC}^2 = \overline{AB}^2 + \overline{AC}^2.$$

Remarque. Ce procédé offre peu de précision; néanmoins les

charpentiers s'en servent avec avantage, parce qu'ils l'exécutent avec soin.

24. Problème. *Élever sur une droite donnée une perpendiculaire qui passe par un point extérieur donné.*

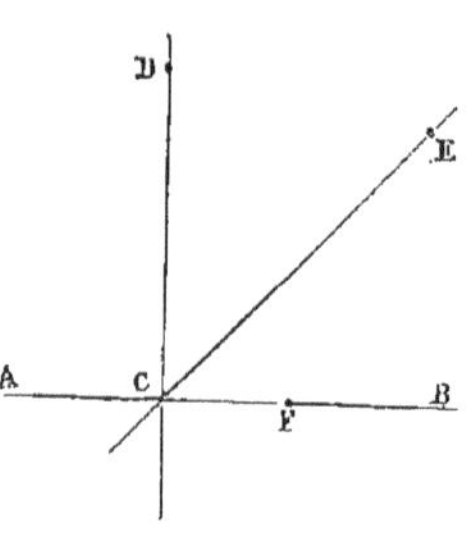

Soient donnés l'alignement AB et le point D. En restant constamment sur AB et plaçant l'équerre de manière qu'un des plans de visée corresponde à cette ligne, il faut s'approcher ou s'éloigner de B jusqu'à ce que le second plan passe par le point D ; le point C, où deux rayons visuels rectangulaires peuvent être dirigés suivant AB et CD, est le pied de la perpendiculaire demandée. Un jalon intermédiaire F, placé sur AB, facilite singulièrement la recherche du point C, en indiquant la trace du plan vertical déterminé par les jalons A et B.

On procède d'une manière analogue pour mener une ligne à 45° qui passe par un point donné E.

25. Problème. *Par un point donné* C *mener une parallèle à une droite* AB.

1er *moyen.* On élève sur AB une perpendiculaire qui passe au point C (n° 24) ; puis, au point C, une perpendiculaire à AC (n° 23).

2e *moyen.* Lorsque les parallèles doivent avoir une grande longueur, il est préférable d'élever une seconde perpendiculaire BD à la ligne donnée, et l'on prend

BD = AC.

26. Problème. *Prolonger un alignement* AB *au delà d'un obstacle.*

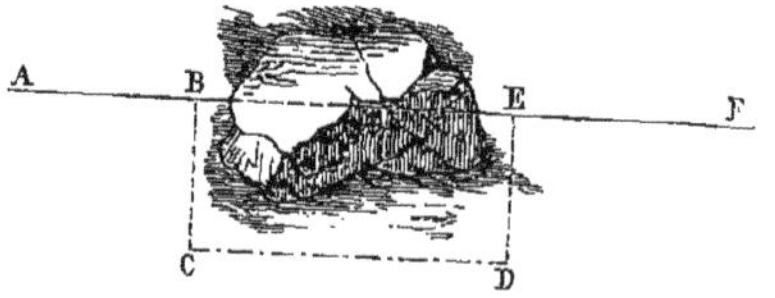

1er *moyen.* Au point B, on élève la perpendiculaire BC ; au point C, la perpendiculaire CD à BC ; enfin DE perpendiculaire à CD ; puis on prend DE = CB, et la perpendiculaire EF est dans la direction de AB.

2e *moyen*. Soit ab la projection horizontale de l'alignement AB ; on mène une droite indéfinie ax au delà de l'obstacle, puis on abaisse la perpendiculaire bc sur ax; on élève des perpendiculaires sur ax aux points d et f, puis on a :

$$\frac{ed}{cb}=\frac{ad}{ac}; \quad \text{d'où} \quad de=\frac{ad\times bc}{ac}; \quad \text{de même} \quad fg=\frac{af\times bc}{ac};$$

on porte les longueurs calculées sur les perpendiculaires, et

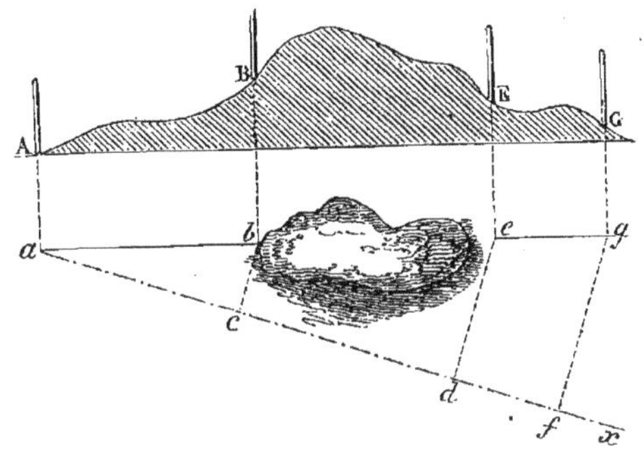

l'on obtient ainsi les points e, g; la ligne eg est dans le prolongement de ab, et les 4 points représentés en projection verticale par A, B, E, G appartiennent à un même alignement.

Remarque. On opère d'une manière analogue pour tracer un alignement AG, lorsqu'on ne peut voir les points extrêmes d'aucune station intermédiaire : dans la direction supposée, on mène l'alignement ax; on abaisse la perpendiculaire gf, et, pour calculer l'ordonnée cb d'un point quelconque de l'alignement, on a :

$$\frac{bc}{ac}=\frac{fg}{af}; \quad \text{d'où} \quad bc=\frac{ac\times fg}{af}.$$

27. Problème. *A une droite* AB, *élever une perpendiculaire qui passe par un point* D *qu'on ne peut voir de la ligne donnée.*

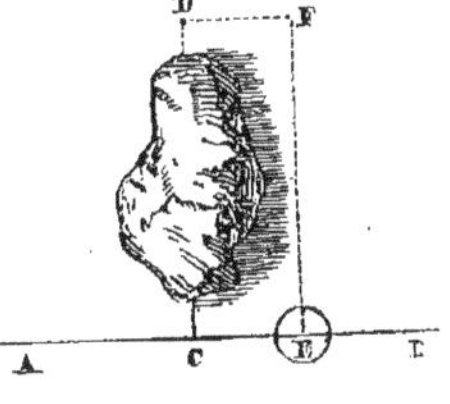

Il faut élever une perpendiculaire EF qui passe à proximité du point D ; puis, se plaçant sur la nouvelle ligne, élever une perpendiculaire FD qui passe au point D; mesurer FD, et prendre EC=FD; le point C est le pied de la perpendiculaire demandée.

28. Problème. *Mesurer une ligne* AB *dont les extrémités seules sont accessibles.*

1er *moyen.* On mène la droite CD égale et parallèle à AB (nº 26).

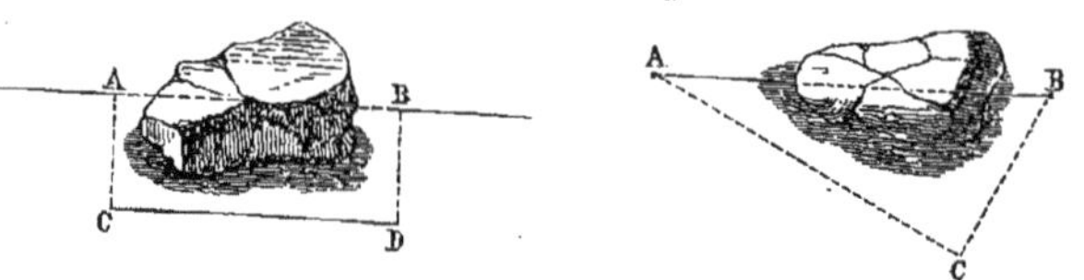

2e *moyen.* On mène une droite quelconque AC, on élève une perpendiculaire passant par le point B; puis, mesurant AC et CB, on a :

$$AB = \sqrt{\overline{AC}^2 + \overline{CB}^2}.$$

Autant que possible il faut employer ce procédé, car il donne des résultats plus exacts que le premier.

3e *moyen.* Au point A on peut élever une perpendiculaire Ax à la droite donnée; puis, au moyen de l'équerre d'arpenteur, déterminer sur Ax un point tel que le rayon visuel dirigé vers B fasse 45º avec Ax (nº 24); enfin, mesurer AC, car AC=AB.

Avec ce troisième procédé, il suffit qu'un seul point de AB soit accessible.

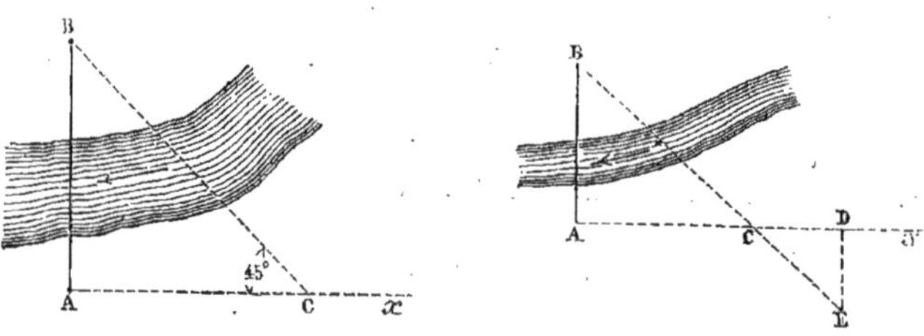

4e *moyen.* Au point A, on élève une perpendiculaire Ax à la droite donnée, puis une perpendiculaire DE en un point quelconque de Ax; on détermine le point C, où les deux alignements

AD et BE se coupent, et on mesure AC, CD et DE; les rapports égaux $\frac{AB}{AC} = \frac{DE}{CD}$ donnent $AB = \frac{AC \times DE}{CD}$.

Ce dernier procédé donne de médiocres résultats, car il est difficile de déterminer le point C avec quelque précision.

29. Problème. *Mesurer une hauteur à l'aide de procédés* élémentaires.

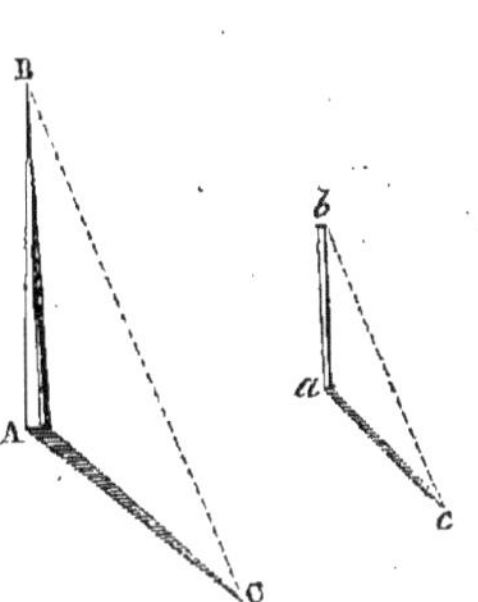

1er *moyen : A l'aide de l'ombre.* Soit AC l'ombre de AB, on place un jalon ab verticalement, soit ac l'ombre qu'il détermine; les rayons lumineux étant regardés comme parallèles, on a deux triangles semblables ABC, abc; donc :

$$\frac{AB}{AC} = \frac{ab}{ac}; \text{ d'où } AB = \frac{AC \times ab}{ac}.$$

2e *moyen : Procédé du miroir.* On place un miroir horizontalement, et l'on détermine le point C, où vient se former l'image du sommet de l'arbre pour une position donnée O, de l'œil du spectateur; comme le rayon incident BC et le rayon réfléchi CO forment des angles égaux avec la verticale menée par le point C, on a deux triangles semblables, ABC, COD; donc :

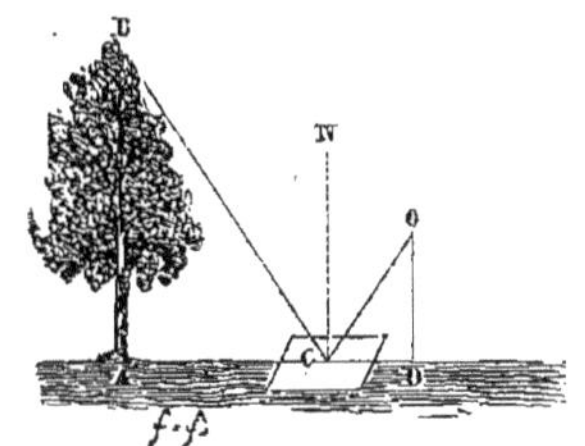

$$\frac{AB}{AC} = \frac{OD}{CD}, \text{ d'où } AB = \frac{AC \times OD}{CD}.$$

Remarque. Le miroir est difficilement placé dans une position horizontale; mais, au lieu du miroir, on peut considérer une nappe d'eau.

3e *moyen : Procédé des trois jalons.* On place deux jalons, EF, CD, de hauteurs inégales, de manière que le rayon visuel FD, mené par leurs extrémités, passe au sommet B de la hauteur à mesurer; on dispose horizontalement un troisième jalon FG, et l'on a deux triangles semblables qui donnent les rapports égaux :

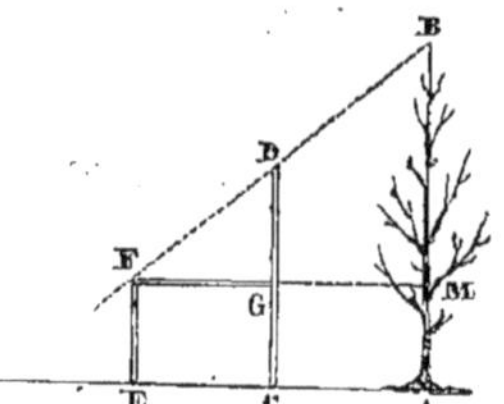

$$\frac{BM}{FM} = \frac{DG}{FG}; \quad BM = \frac{FM \times DG}{FG}.$$

Il suffit donc de mesurer FG, DG, AE et FE; à la longueur calculée BM, on ajoute AM ou FE.

Remarque. Ces procédés, cités dans divers ouvrages classiques, ne donnent aucune précision; il convient de recourir aux méthodes exposés aux nos 93 et suivants.

CHAPITRE II

ÉVALUATION DES SUPERFICIES

§ I. — Triangle et quadrilatère.

30. Dans l'arpentage proprement dit, on décompose la superficie à évaluer en rectangles, triangles rectangles, trapèzes rectangles, et triangles quelconques.

L'aire du rectangle égale le produit de la base par la hauteur.

L'aire du triangle égale la moitié du produit de la base par la hauteur.

L'aire du trapèze égale la moitié du produit de la somme des bases par la hauteur.

L'aire du triangle en fonction des côtés a, b, c, est donnée par la formule :

$$S = \sqrt{p(p-a)(p-b)(p-c)}, \text{ dans laquelle } p = \frac{a+b+c}{2}.$$

Voir Géométrie F. P. B., nº 288.

On rencontre parfois quelques autres figures qu'on évalue directement, mais qu'on ne cherche pas à faire entrer dans la décomposition du terrain à arpenter : telles sont le parallélogramme et le trapèze quelconque.

31. Quadrilatère. 1er *moyen*. Pour évaluer un quadrilatère quelconque ABCD, on peut mener la diagonale AC, et des sommets B et D abaisser les perpendiculaires BM, DN.

$$\text{Aire} = \frac{AC \times DN}{2} + \frac{AC \times BM}{2} = AC \left(\frac{BM + DN}{2}\right) \quad (a).$$

Il faut multiplier la diagonale par la demi-somme des perpendiculaires.

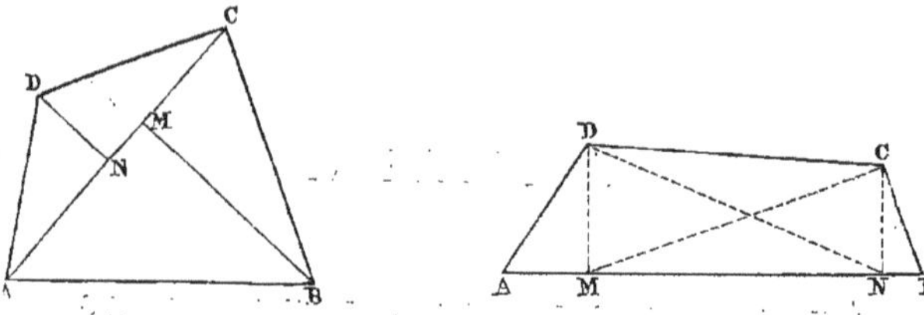

2e *moyen*. On peut abaisser les perpendiculaires CN, DM sur un des côtés; la figure est décomposée en trapèze et triangles-rectangles :

$$\text{Aire} = \frac{AM \times DM}{2} + \frac{DM + CN}{2} \times MN + \frac{BN \times CN}{2} \quad (b).$$

On peut écrire : $\text{Aire} = \frac{AN \times DM + MB \times CN}{2} \quad (c)$;

car le quadrilatère égale ADN+MCB, puisque MCN est équivalent à DCN, donc :

$$\text{Aire} = \frac{AN \times DM}{2} + \frac{BM \times CN}{2}.$$

Remarque. Un des moyens les plus faciles à employer sur le terrain pour s'assurer qu'un quadrilatère a deux côtés parallèles, est de mesurer les perpendiculaires DM, CN; la vérification est donc aussi longue que l'étude directe du quadrilatère; le second moyen doit être préféré au premier, lorsque les deux dimensions de la figure sont très-différentes l'une de l'autre; l'emploi de la formule (*c*) offre un calcul plus rapide que celui de la formule (*b*). L'étude du quadrilatère est importante, car les *trois cinquièmes* des parcelles cultivées ont cette forme; ainsi on a trouvé que sur 3506 parcelles qu'indique le *plan cadastral* d'une commune (nº 85), le quadrilatère se rencontre 2104 fois; et même les jardins, à peu près toujours rectangulaires, ne sont pas compris dans le résultat donné.

§ II. — Figure quelconque.

Pour évaluer une figure quelconque, on la décompose en figures élémentaires (nº 30). On emploie un des procédés suivants :

32. 1° *Arpentage à la chaîne.* Par des diagonales, ou par des droites issues d'un même point intérieur, on décompose le polygone en triangles, dont on mesure les trois côtés, et l'on emploie la formule

$$S=\sqrt{p(p-a)(p-b)(p-c)} \qquad (\text{n}^\circ\ 30).$$

Remarque. Ce procédé donne de très-bons résultats lorsque les lignes sont mesurées avec soin, mais il nécessite de longs calculs; aussi n'est-il guère employé que pour mesurer des polygones d'un petit nombre de côtés, ou lorsqu'on n'a que le décamètre.

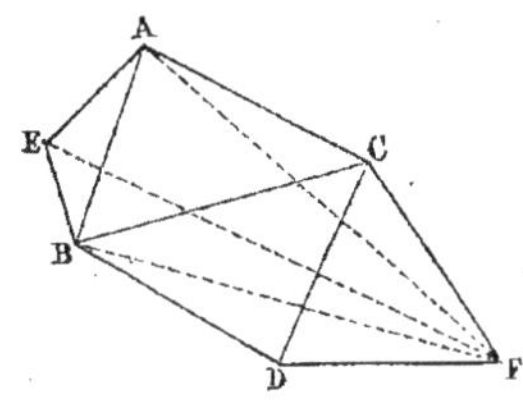

Parmi toutes les décompositions possibles, il faut préférer celle qui donne les triangles à côtés moins inégaux; ainsi la décomposition opérée au moyen des lignes AB, BC, CD est bien préférable à celle que produisent les diagonales issues du point F. Dans les opérations peu importantes, on peut construire chaque triangle sur le papier à une échelle donnée (83), abaisser la hauteur, l'évaluer au moyen de l'échelle, et prendre la moitié du produit de la base par la hauteur.

33. *Arpentage à la chaîne et à l'équerre. 1er procédé.* On forme des triangles dont on mesure la base et la hauteur; ce procédé est peu usité : il nécessite le chaînage d'un grand nombre de lignes et l'emploi de plusieurs alignements différents pour déterminer les hauteurs des triangles : aussi on a surtout recours au procédé suivant.

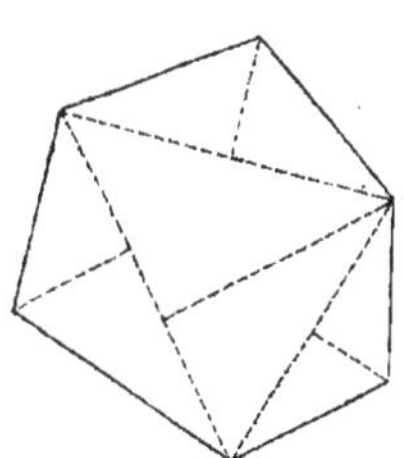

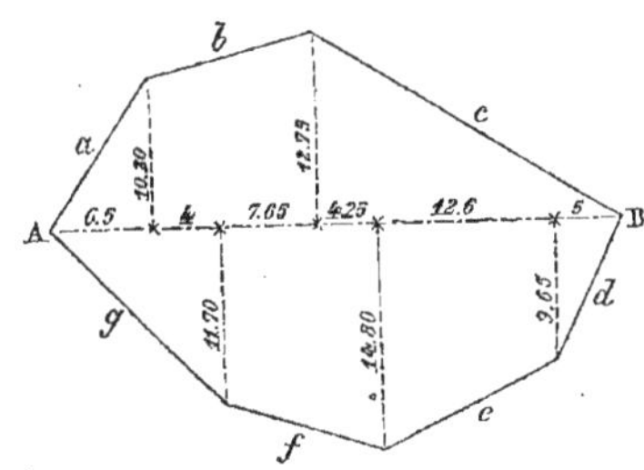

34. 2e *procédé. Emploi d'une directrice.* On joint deux points du périmètre; puis, sur cette ligne, on élève des perpen-

diculaires qui passent par chaque sommet. La surface est ainsi décomposée en triangles et en trapèzes rectangles, dont on mesure les dimensions.

Souvent le calcul est disposé en tableau ; un numéro d'ordre ou une lettre indique la figure évaluée.

Le second tableau est conforme à ceux que l'on fait dans les bureaux du chemin de fer Paris-Lyon-Méditerranée pour traiter des questions analogues.

1er Tableau.

	h	B	B′	Double de l'aire
a	6,50	10,20	»	66,3000
b	11,65	10,20	12,75	267,3675
c	21,85	12,75	»	278,5875
d	5, »	9,65	»	48,2500
e	12,60	14,80	9,65	308,0700
f	11,90	14,80	11,70	315,3500
g	10,50	11,70	»	122,8500
		Total		1406,775
		Aire du terrain.		703,3875

2e Tableau.

Désignation			Produit
Triangle	6,50	$\frac{10,20}{2}$	33,1500
Trapèze	11,65	$\frac{10,20 + 12,75}{2}$	133,68375
Triangle	21,85	$\frac{12,75}{2}$	139,29375
Triangle	5,00	$\frac{9,65}{2}$	24,1250
Trapèze	12,60	$\frac{14,80 + 9,65}{2}$	154,0350
Trapèze	11,90	$\frac{14,80 + 11,70}{2}$	157,6750
Triangle	10,50	$\frac{11,70}{2}$	61,4250
		Surface totale	703,3875

Remarque. Il arrive fréquemment que certaines perpendiculaires tombent hors de la surface à arpenter ; dans ce cas, aux superficies a, b, c, d, e, on ajoute ABDC, et du total on retranche le triangle AEC ; si l'on ne pouvait sortir facilement du polygone donné, on élèverait la perpendiculaire GC sur BD, et le terrain serait encore décomposé en trapèzes et triangles rectangles.

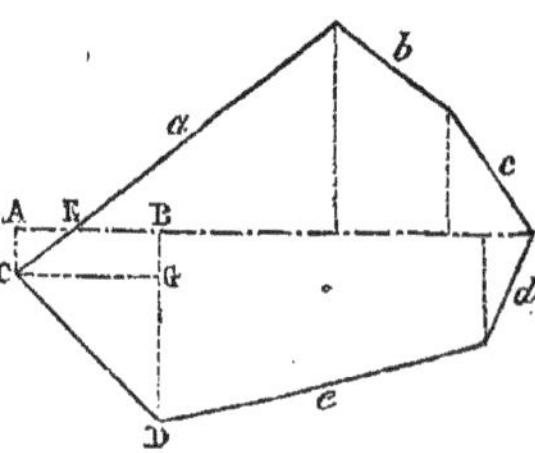

Les perpendiculaires abaissées des divers sommets sur une directrice sont souvent nommées *ordonnées*, quelle que soit d'ailleurs la position de la directrice.

35. Inscription d'un polygone. D'une manière générale, il faut éviter les longues ordonnées, surtout si elles doivent être nombreuses; aussi rapproche-t-on les directrices du périmètre, afin que les perpendiculaires abaissées des sommets soient plus

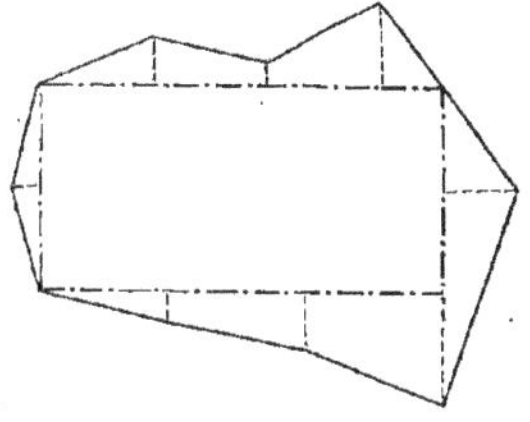

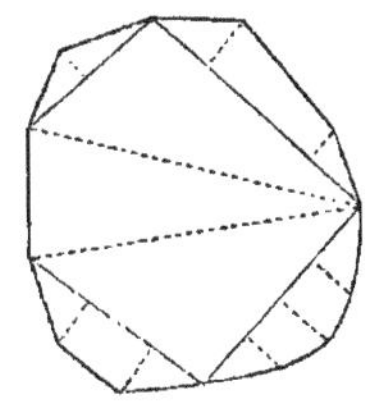

courtes. Pour cela, on forme dans la figure un polygone facile à évaluer, un rectangle, par exemple, et chaque côté de ce rectangle sert de directrice. Souvent on ne s'assujettit pas à placer sur le périmètre les sommets du polygone ainsi formé; mais si certains angles de la figure inscrite ne sont pas droits, il faut placer leur sommet sur le périmètre; sans cette précaution, il se trouve en A, par exemple, un quadrilatère qu'on ne peut évaluer directement, et qui nécessite deux nouvelles perpendiculaires CD, EF.

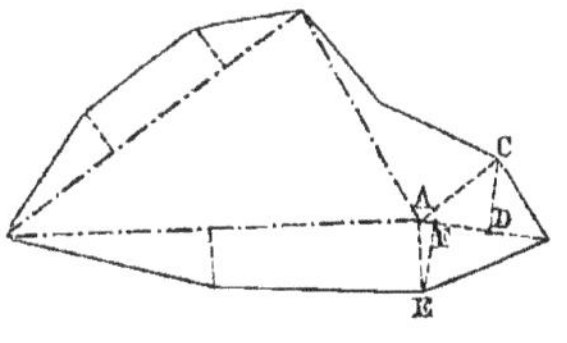

36. Terrain inaccessible. Lorsqu'on ne peut point pénétrer dans le terrain à arpenter, on l'enveloppe d'un polygone; on choisit ordinairement le rectangle, et chaque côté de cette figure sert de directrice; la superficie cherchée égale l'aire du rectangle diminuée de la somme des aires comprises entre le périmètre des deux figures.

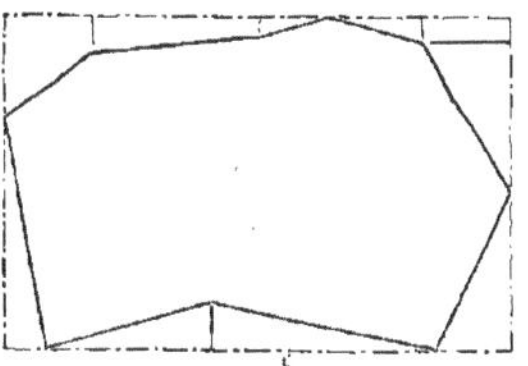

Remarque. Ce procédé est utile pour arpenter les bois, les champs, les pièces d'eau, etc. Il y a parfois un réel avantage à l'employer, même lorsqu'on peut pénétrer dans l'intérieur.

37. Arpentage des terrains limités par des courbes.

1er *moyen. Par compensation.* A la courbe, on substitue une ou plusieurs droites BC, CD, de manière que les parties retranchées aient à peu près l'étendue des parties ajoutés, puis on

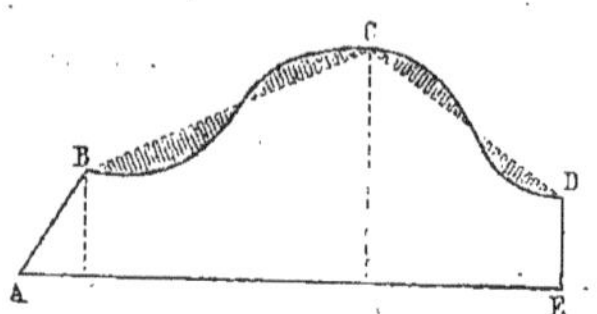

arpente le polygone ABCDE; ce procédé très-rapide est suffisamment exact lorsqu'il est pratiqué par un arpenteur exercé, et que les segments ajoutés ou retranchés ont peu d'étendue.

2e *moyen. Segment parabolique.* On assimile la surface BEC au segment parabolique : donc l'aire est les $\frac{2}{3}$ du produit de

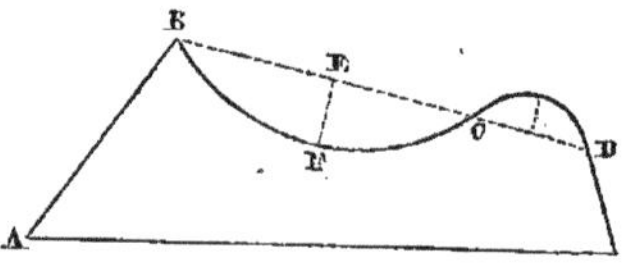

la corde par la flèche, ou $=\frac{2}{3}BC \times EF$ (Géométrie, 561). Il suffit de tendre la chaîne de B à C, et, sans recourir à l'équerre, de prendre pour flèche la plus grande distance de l'arc à la corde.

38. 3e *moyen. Trapèzes inscrits.* Soit la surface ABEF; on divise la projection de la courbe sur AF en parties égales, cinq par exemple; par les points de division on mène des perpendiculaires telles que AB, CD, etc.

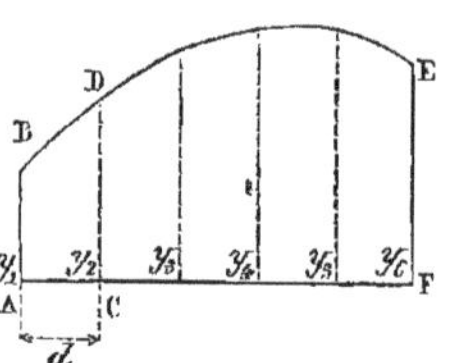

1er trapèze $=\frac{y_1+y_2}{2} \times d;$

2e trapèze $=\frac{y_2+y_3}{2} \times d,$ dernier $\frac{y_5+y_6}{2} \times d.$

Chaque ordonnée est prise deux fois, sauf la première et la dernière;

$$\text{donc l'aire} = \left(\frac{y_1}{2} + y_2 + y_3 + y_4 + y_5 + \frac{y_6}{2}\right) d.$$

C'est-à-dire qu'à la demi-somme des ordonnées extrêmes, il faut ajouter les ordonnées intermédiaires, et multiplier le total par la distance de deux ordonnées consécutives.

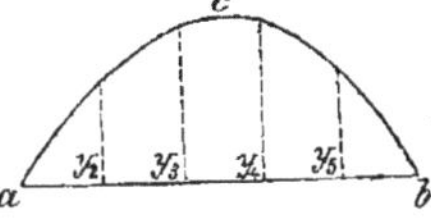

Les ordonnées extrêmes peuvent être nulles; ainsi, pour *acb*, on a :

$$\text{Aire} = \left(y_2 + y_3 + y_4 + y_5\right) d.$$

4e *moyen. Formule Poncelet.* Il faut diviser AB en un nombre pair de parties égales, 8 par exemple; élever les ordonnées extrêmes et celles de rang pair; l'aire s'obtient au moyen de la

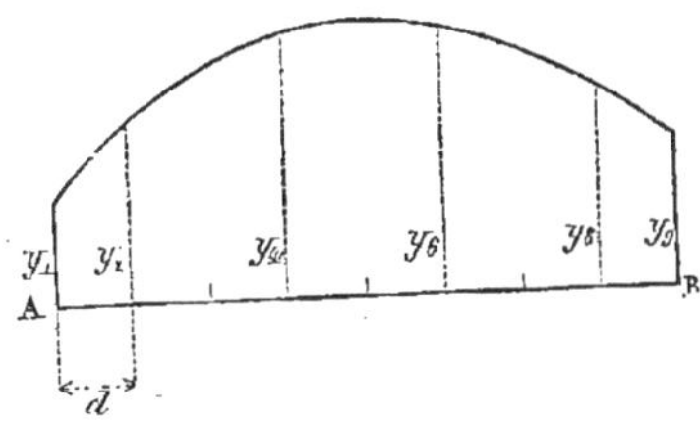

formule Poncelet (Géométrie, 607). Au double des ordonnées de rang pair, on ajoute le quart de la somme des ordonnées extrêmes, on soustrait le quart des deux ordonnées voisines des extrêmes, et on multiplie ce résultat par la distance de deux ordonnées consécutives; dans l'exemple donné, on a :

$$S = d\left[2(y_2 + y_4 + y_6 + y_8) + \frac{y_1 + y_9}{4} - \frac{y_2 + y_8}{4}\right].$$

Remarque. Cette méthode est d'une application aussi facile que celle des trapèzes, et donne une plus grande approximation, bien qu'il y ait moins d'ordonnées à tracer et à mesurer.

39. *Arpentage des terrains dessinés.* Dans bien des cas, le terrain à arpenter est déjà représenté sur le papier, la décomposition en triangles et en trapèzes se fait sur le dessin; mais pour

obtenir ce dessin on a dû recourir préalablement aux méthodes qui constituent le *levé des plans*. D'ailleurs les procédés élémentaires qui viennent d'être indiqués pour arpenter un terrain, ne peuvent être appliqués avec profit que lorsqu'il s'agit d'une superficie de moyenne étendue; car une surface de 20 hectares ne s'arpente point comme une de 20 ares ; et 2000 hectares offrent des difficultés, exigent des combinaisons autres que 20 hectares : aussi, pour les superficies déjà considérables, on a souvent recours aux procédés indiqués aux n°s 45 et suivants. Pour les grandes superficies, il faut employer la triangulation (n° 107).

LEVÉ DES PLANS

PRÉLIMINAIRES

40. *Le levé des plans* consiste à déterminer sur un plan horizontal l'ensemble des projections des divers points du terrain, et à représenter, à une échelle donnée, la figure qu'on a ainsi obtenue.

En tenant compte de la forme du globe, il faut projeter les lignes du terrain sur une surface de niveau.

41. On appelle *surface de niveau* une surface *normale*, en chacun de ses points, à la verticale du point considéré.

Lorsque la région à lever ne dépasse pas un cercle de 8 à 10 kilomètres de rayon, on remplace la surface à peu près sphérique des mers par un plan perpendiculaire à la verticale du centre de la station.

Le levé des plans comprend deux parties : le lever proprement dit, ou *opérations à faire sur le terrain*, et la reproduction du levé, ou *représentation*, à une échelle donnée, *de la figure obtenue*.

Dans le *levé des plans* on emploie : la chaîne ou le décamètre-ruban, l'équerre d'arpenteur, le graphomètre, le pantomètre, la boussole et la planchette.

CHAPITRE I

DU LEVÉ PROPREMENT DIT

§ I. — Méthodes diverses.

42. Croquis. Avant d'opérer, on étudie le terrain, afin d'en reconnaître les *bornes*, et de faire choix de la méthode qu'il convient d'employer. Assez fréquemment on dresse un *croquis* ou brouillon du périmètre; mais plusieurs arpenteurs ne font le croquis qu'au fur et à mesure qu'ils opèrent : dans ce cas, on peut le faire, même sans échelle spéciale, avec une exactitude assez satisfaisante, et l'on se donne ainsi un premier travail, dont l'aspect rappelle la superficie étudiée, et facilite la reproduction à l'échelle.

Le périmètre d'une propriété est constitué par les droites qui joignent les *bornes* deux à deux; les haies vives qu'un propriétaire veut planter doivent être à 50 centimètres du périmètre; les fossés et les murs doivent être comptés dans l'évaluation du terrain auquel ils appartiennent; mais à défaut de titre direct, établissant le contraire, les haies, les fossés et les murs sont regardés comme mitoyens, et dans ce cas la ligne du périmètre est le milieu de la haie, ou du fossé, etc.

43. Méthodes. Les méthodes, pour lever les plans, sont au nombre de quatre : 1° par alignement; 2° par rayonnement; 3° par intersection; 4° par cheminement.

Suivant la nature des opérations à effectuer, il arrive que dans un travail donné on emploie successivement plusieurs de ces

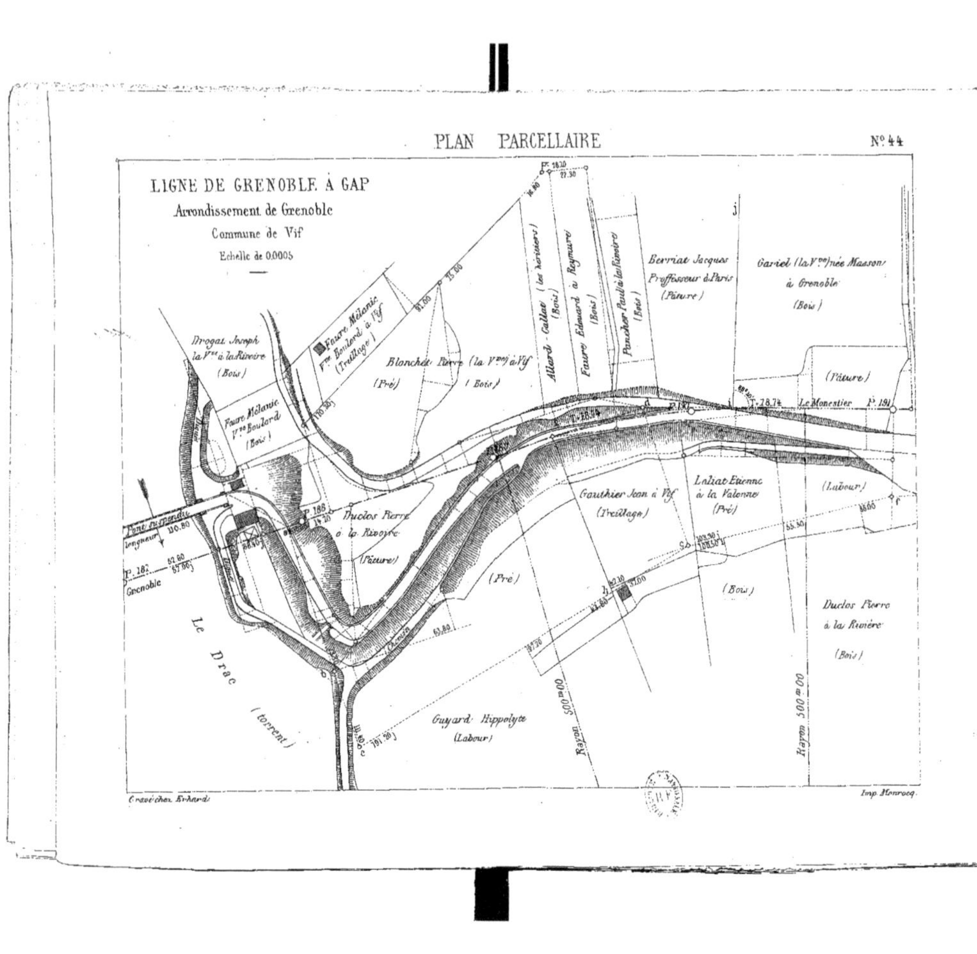
PLAN PARCELLAIRE
N° 44
LIGNE DE GRENOBLE À GAP
Arrondissement de Grenoble
Commune de Vif
Echelle de 0.0005
Drogat Joseph la Vve à la Rivoire (Bois)
Faure Mélanie Vve Boulord à Vif (Treillage)
Faure Mélanie Vve Boulord (Bois)
Blanchet Pierre (la Vve) à Vif (Bois)
(Pré)
Allard-Caillat (les héritiers) (Bois)
Faure Edouard à Reymure (Bois)
Berriat Jacques Proffesseur à Paris (Pâture)
Gariel (la Vve) née Masson à Grenoble (Bois)
(Pâture)
Le Monestier
P. 191
P. 186
Duclos Pierre à la Rivoire (Pâture)
(Pré)
Gauthier Jean à Vif (Treillage)
Laliat Etienne à la Valonne (Pré)
(Labour)
(Bois)
Duclos Pierre à la Rivière (Bois)
Pont suspendu
P. 182
Grenoble
Le Drac (torrent)
Guyard Hippolyte (Labour)
Rayon 500m00
Rayon 500m00
Gravé chez Erhard
Imp. Monrocq

méthodes, car chacune d'elles a ses avantages spéciaux et ses inconvénients. Il faut aussi savoir employer à propos les divers instruments.

44. Méthode par alignement. La méthode par alignement consiste à tracer une ou plusieurs directrices, et à mener les ordonnées des points principaux du périmètre à lever.

Le procédé qui consiste à décomposer un terrain en triangles et trapèzes rectangles, afin d'en obtenir la superficie, constitue un véritable levé par alignement.

On emploie surtout les directrices pour le levé des périmètres très-sinueux, tels que ceux que déterminent les ruisseaux, les chemins vicinaux, les haies vives, etc.

Le plus souvent, le réseau formé par les lignes principales est levé par une des trois autres méthodes, ou bien on se borne à *rattacher* les directrices les unes aux autres.

Remarque. Les opérateurs exercés tirent un excellent parti de la méthode par alignement pour le levé des *plans parcellaires*; ces plans servent à fixer l'indemnité qu'on doit allouer à ceux dont les propriétés sont traversées par un chemin de fer, et ils sont toujours dressés à 1 millimètre par mètre (85), et s'étendent à 100 mètres de chaque côté de l'axe; dans les terrains peu accidentés, un opérateur peut lever journellement une longueur de 300 ou 400 mètres. Autant que possible il prend une base d'opération à 60 ou 80 mètres de l'axe, et rattache à ces lignes les directrices secondaires souvent fort nombreuses, car il en faut une pour chaque sentier, etc. Il dresse le croquis à l'*échelle* et à l'*encre*. Le *chaînage* est fait avec beaucoup de soin : on mesure directement l'alignement dans toute sa longueur; les chaîneurs, à moins d'accidents de terrain, *fichent* invariablement dix mètres, et lorsque dans la longueur de la chaîne il se trouve un point, extrémité d'une ligne et commencement d'une autre, l'opérateur, sans déranger et même sans retarder les porte-chaîne, prend la cote du point considéré. S'il faut quitter l'alignement pour prendre des cotes de détail, la seule chose à observer, par le chaîneur de derrière, est de ne pas mêler les nouvelles fiches à celles qui ont été levées sur le grand alignement, et en revenant sur cet alignement il doit se placer à la dernière fiche plantée, et rendre exactement les fiches des cotes de détail. Enfin, s'il faut quitter la première ligne pour en chaîner une seconde fort longue, on fait placer une *jalonnette* à la place de la dernière fiche, et l'on marque sur le croquis la cote qui lui correspond, et le point de repère ainsi obtenu sert de point de départ pour la continuation du chaînage; c'est ce qui a lieu dans l'exemple donné au point *b*. Le plan représente une petite partie de la *ligne* citée aux n°s 88 et 192. L'axe est rectiligne depuis le piquet hectométrique 187 jusqu'au delà du piquet 189; puis vient un arc de cercle de 500 mètres de rayon; *d* est le point de concours des deux alignements; la plupart des ordonnées de détail n'ont point été représentées sur les directrices ou sur les perpendiculaires; il a fallu inscrire 550 cotes environ. Les lignes principales sont parfaitement rattachées les unes aux autres : ainsi *ab* et *de* sont perpendiculaires à *ad;* puis *b* est joint au piquet 189; *c* est joint au point *e;* chacune de ces lignes est mesurée; on a ainsi diverses vérifications. La ligne (*b*—189) sert au levé d'une partie de la route. Pour avoir la ligne de séparation des parcelles, on procède le plus souvent comme pour *gh*, en déterminant un point sur l'axe et l'autre sur la base auxilaire *ce*. Mais lorsque la ligne de clôture *ij* est mal déterminée, on la fixe approximativement en présence des deux propriétaires intéressés, et l'on se borne à mesurer l'angle qu'elle forme avec l'axe.

45. Méthode par rayonnement. La méthode par rayonnement consiste : 1° à joindre par des alignements un point choisi pour station aux principaux points du périmètre à lever; 2° à mesurer la longueur de ces lignes et les angles dont ces droites sont les côtés.

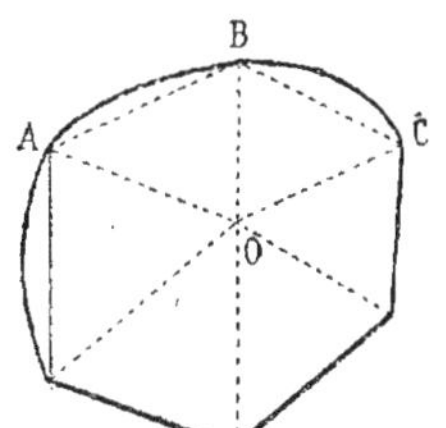

Ordinairement on prend un point *o* compris dans le périmètre à lever; dans ce cas, la somme des angles doit égaler 4 droits, et les lignes telles que AB, BC, servent de directrices pour lever les détails.

Remarque. La méthode par rayonnement exige un chaînage assez laborieux; mais elle est d'une application très-facile, et permet de trouver la superficie du terrain avec les seules grandeurs mesurées (114).

Parfois, comme dans l'*arpentage à la chaîne* (n° 29), on mesure toutes les lignes AO, OB, AB, etc. A la méthode par rayonnement, on peut rapporter la *triangulation* (n° 107).

46. Méthode par intersections. La méthode par intersections

consiste à joindre deux stations à tous les sommets du périmètre à lever, à mesurer la longueur de la droite ou *base*, qui réunit les deux stations, et les angles que chaque ligne amenée forme avec la base.

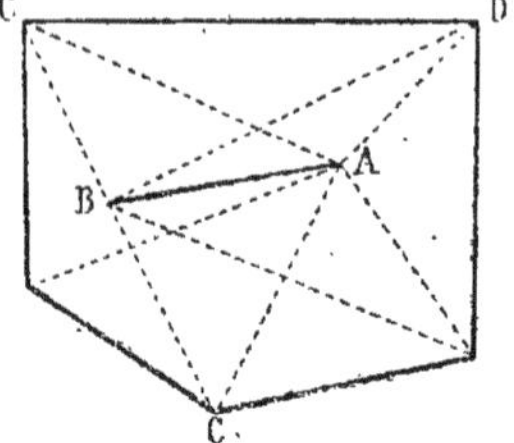

AB est la base de longueur connue; et pour déterminer C, il suffit de mesurer les angles ABC, BAC.

REMARQUE. On opère très-rapidement en employant cette méthode; mais il arrive souvent que des points du périmètre, D, par exemple, sont mal déterminés, parce que les droites BD et AD se coupent sous un angle très-aigu. Pour avoir l'aire, en employant les formules trigonométriques, il faut *calculer* les droites issues d'une même station (115), et l'on est ramené au cas précédent.

47. MÉTHODE PAR CHEMINEMENT. La méthode par cheminement consiste à mesurer les divers côtés du périmètre, ainsi que les angles dont ces droites sont les côtés.

On doit se transporter à chaque sommet pour mesurer ou pour tracer sur le papier les angles du polygone; la somme de ces angles doit égaler autant de fois deux droits qu'il y a de côtés moins deux; autant que possible, il faut éviter les angles trop obtus et les côtés, tels que EF, trop petits par rapport aux autres. Pour mesurer les angles sans recourir aux instruments angulaires, on prend des longueurs égales, CM, CN sur les côtés, et on chaîne les trois côtés du triangle MCN. Ce procédé est très-long; il ne donne d'ailleurs que de médiocres résultats, à moins qu'on ne mesure les lignes avec un très-grand soin.

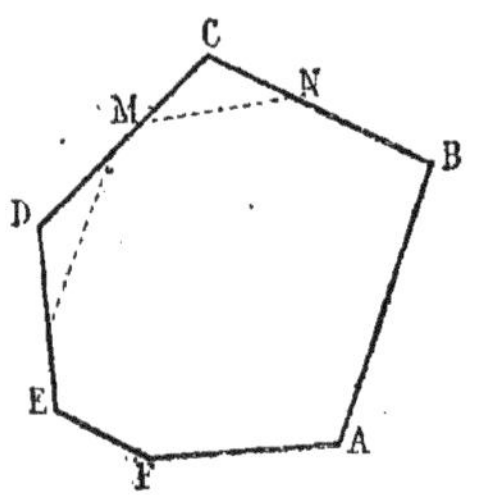

REMARQUE. Dans diverses circonstances, la méthode par cheminement est le seul procédé élémentaire que l'on puisse employer pour avoir des bases d'opération : par exemple, pour lever une forêt, un étang assez étendu; car il est presque toujours impossible d'établir un rectangle circonscrit. Mais il faut restreindre l'emploi de la méthode aux cas où elle est, pour ainsi dire, indispensable, car le chaînage est parfois aussi considérable que par rayonnement, et la mesure des angles est une opération longue et minutieuse, par suite même du changement continuel de station. Le calcul trigonométrique de l'aire est encore plus laborieux que lorsqu'on procède par intersections; enfin, quand il faut *rapporter le plan*, c'est-à-dire représenter sur le papier la projection horizontale du terrain, les plus habiles dessinateurs éprouvent de grandes difficultés à fermer le polygone, dès que le nombre des côtés devient un peu considérable.

§ II. — Du graphomètre et de son emploi.

48. Le *graphomètre* est un instrument spécialement destiné à la mesure des angles; il se compose d'un limbe demi-circulaire en cuivre, de 8 à 15 centimètres de rayon, et d'une règle mobile autour d'un axe perpendiculaire au plan du cercle et passant par son centre. Les extrémités du diamètre AB et celles de la règle mobile CD sont munies de pinnules (n° 10). La règle se nomme *alidade mobile*; le diamètre est appelé *ligne de foi* ou de *collimation*; et le système qu'il forme, avec les pinnules qui le terminent, est nommé *alidade fixe*. Le limbe est divisé en degrés, et même en demi-degrés; la graduation de 0° à 180° peut être lue dans les deux sens, ainsi que cela a lieu pour le rapporteur. La partie inférieure de l'axe est terminée par une sphère qui s'engage entre deux coquilles fixées à l'extrémité de la douille où doit s'emmancher la partie supérieure du pied à trois branches (11). Au moyen de ce dispositif, connu sous le nom de *genou à coquilles*, le limbe du graphomètre peut être placé dans un plan quelconque.

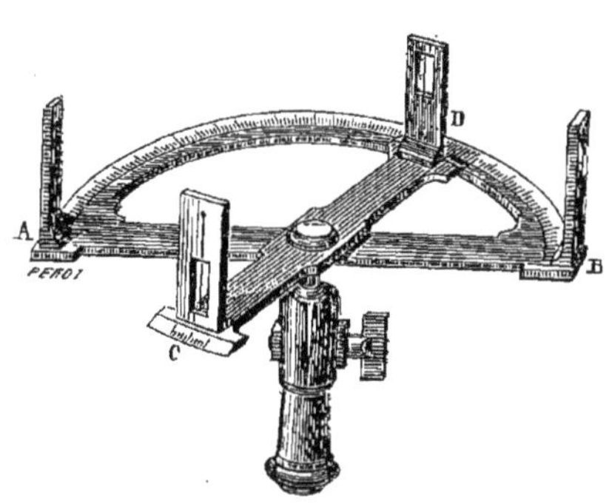

49. Mesure des angles. Pour mesurer un angle BAC, il faut placer le graphomètre au sommet A, de manière que le limbe

soit horizontal, puis diriger l'alidade fixe suivant AB, et faire tourner l'alidade mobile jusqu'à ce que son plan de visée passe

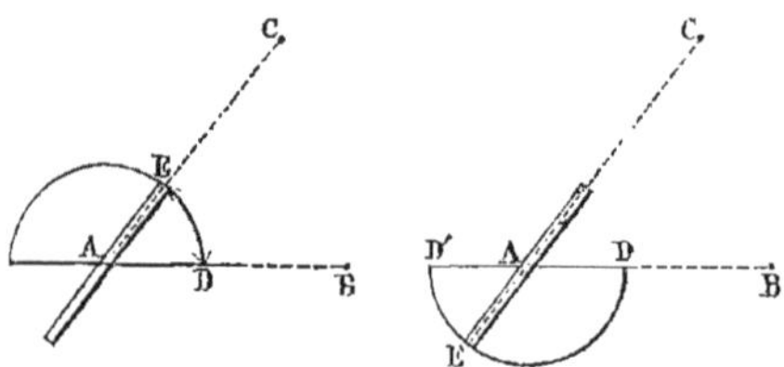

par AC; le nombre de degrés de l'arc DE est la mesure de l'angle. Beaucoup d'opérateurs placent le limbe à l'extérieur de l'angle; l'arc D'E fait connaître la valeur de BAC.

Remarque. Lorsqu'on a des angles consécutifs à mesurer, on peut les considérer isolément, et trouver, par exemple, 32° pour le premier; $29°\frac{1}{2}$ pour le deuxième; $58\frac{3}{4}$ pour le troisième, etc.; mais il est avantageux de *cumuler* les angles. Pour cela, ayant placé l'alidade fixe suivant O*x*, on conduit successivement l'alidade mobile dans la direction

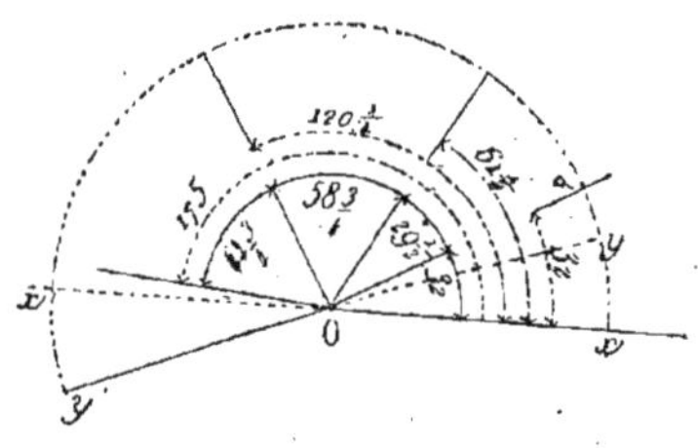

du second côté de chaque angle, sans déranger le graphomètre; tous les angles sont comptés à partir de O*x*, et on lit successivement : 32°; $61°\frac{1}{2}$; $120°\frac{1}{4}$; 175, etc. Cette manière de procéder est surtout utile quand on lève le plan par rayonnement (45).

50. Vernier. Sur une règle et sur un limbe gradués on ne peut multiplier les divisions au delà d'une certaine limite, car il faut qu'on puisse les distinguer facilement; aussi, pour évaluer une grandeur moindre que la plus petite division que porte une unité donnée, a-t-on recours au *vernier*.

Le *vernier* est un instrument qui permet d'évaluer des quantités beaucoup plus petites que les divisions égales tracées sur une ligne droite ou circulaire.

51. Vernier rectiligne. Le vernier droit est une petite règle

AB, sur laquelle une longueur de n divisions de la grande règle est divisée en $n+1$ parties égales.

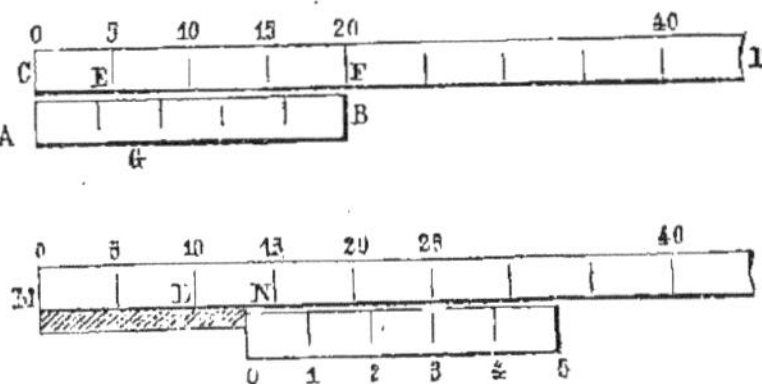

Par exemple, dans le niveau de pente (nº 185), chaque division de la règle représente 5 millimètres; on porte sur le vernier une longueur de 4 divisions, et on la partage en 5 parties égales. La différence entre une division du vernier et une division de la règle est donc de $\frac{1}{5}$ de division de la règle, c'est-à-dire correspond à 1 millimètre.

Soit à mesurer MN; cette ligne égale ML ou 10 millimètres $+$LN; pour évaluer LN, amenons le vernier en contact avec N; le trait marqué 3 sur le vernier est en ligne droite avec le trait 25 de la règle; il y a donc entre le trait 2 du vernier et le trait 20 de la règle une distance de 1 millimètre, entre 1 du vernier et 15 de la règle il y a 2 millimètres; par suite LN$=$3 millimètres; donc MN$=$13 millimètres.

On peut évaluer les dixièmes de millimètre, lorsque la règle principale est divisée en millimètres, et que 9 de ses divisions en valent 10 du vernier.

52. Vernier circulaire. Le *vernier circulaire* est fondé sur le même principe que le vernier droit; par exemple, dans le gra-

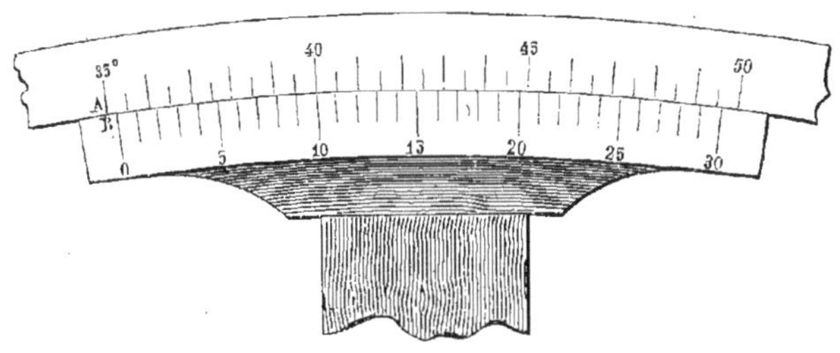

phomètre, on prend sur l'axe du vernier une longueur de 29 divisions du limbe, ou 29 demi-degrés; on partage cet arc en 30 parties égales. La différence entre une division du vernier et une division du limbe est donc de $\frac{1}{30}$ de division du limbe, ou

$\frac{1}{30}$ de demi-degré, c'est-à-dire une *minute*. Admettons que le zéro de l'alidade se trouve au delà du trait marqué 35, il faut évaluer AB; on examine quel trait du vernier est en ligne droite avec un trait du limbe; ici c'est le dixième : ainsi AB=10 minutes (nº 51).

Dans plusieurs graphomètres, 14 demi-degrés sont divisés en

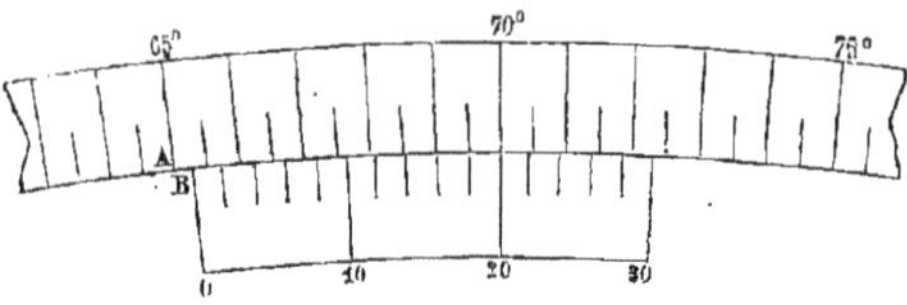

15 parties; dans ce cas, la différence d'une division du limbe à une du vernier $=30'-\frac{14\times30'}{15}=30'-28'=2'$.

L'instrument ainsi gradué ne peut évaluer que les trentièmes de degré, et si la dixième division du vernier est en ligne droite avec une des lignes du limbe, il faut compter 20 minutes; aussi le nombre 20 est-il inscrit sur le vernier en face de la dixième division.

Dans l'exemple donné, AB=20′, on doit lire 65° 20′.

53. Vérification du graphomètre. 1° Il faut s'assurer que le zéro du vernier correspond au zéro du limbe lorsque les deux alidades donnent le même plan de visée; la différence, toujours très-petite, qu'on peut trouver, se nomme *erreur de collimation;* et chaque angle mesuré doit être augmenté ou diminué de cette quantité, suivant que le zéro de l'alidade mobile est sur la partie graduée ou non graduée du demi-cercle.

2° Autour d'un point, on prend une suite d'angles consécutifs embrassant tout l'espace; leur somme doit égaler 4 droits. Lorsque le vernier donne les minutes, la graduation du limbe est regardée comme satisfaisante quand la différence, en plus ou ou en moins, ne dépasse pas un nombre de minutes égal à celui des angles.

54. Pantomètre. Le *pantomètre,* ou *équerre graphomètre,* est un instrument composé de deux cylindres superposés; ils

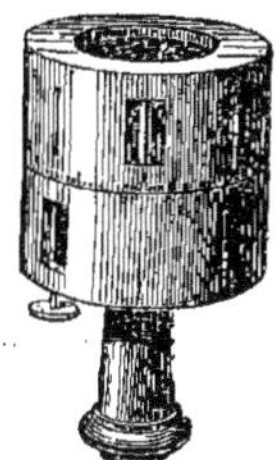

ont le même rayon : le supérieur est mobile, et deux roues dentées permettent de le faire mouvoir aussi lentement que l'on veut, au moyen d'un bouton. Il porte quatre ouvertures, donnant deux plans de visée rectangulaires et une graduation de 0° à 360°; le cylindre inférieur n'a qu'une fenêtre et une pinnule, disposées suivant un plan diamétral. Un vernier permet d'évaluer les angles à deux minutes près.

REMARQUE. Sauf pour la mesure des hauteurs, le pantomètre peut remplacer le graphomètre ordinaire; le plan de visée, il est vrai, n'est déterminé que par deux verticales peu éloignées l'une de l'autre; mais le mouvement de la partie mobile est très-doux, et l'instrument beaucoup moins exposé à se fausser que le graphomètre. Aussi, pourvu qu'on place aux fenêtres du pantomètre un fil bien tendu et très-fin, cet instrument donne autant de précision qu'un graphomètre à pinnules de rayon double.

55. EMPLOI DU GRAPHOMÈTRE. Le graphomètre est surtout utilisé pour le levé des lignes principales du plan dans les terrains découverts; on emploie, suivant les cas, une des méthodes déjà indiquées (45, 46, 47). Il en est de même du pantomètre; et ce dernier est employé comme équerre, lorsqu'on a recours à la méthode par alignement (44); et c'est ce qui a lieu pour le levé des plans d'une ville.

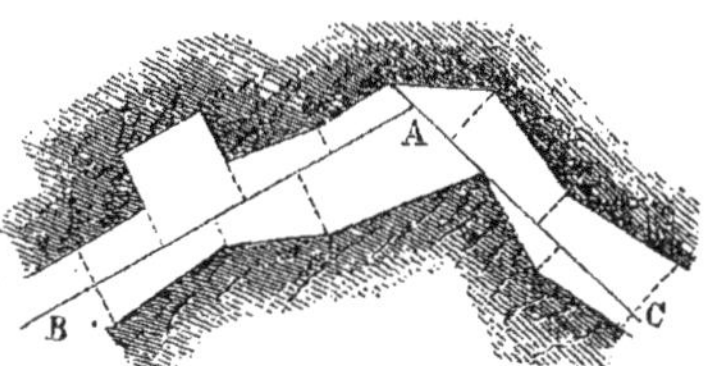

Dans les rues, on trace des directrices AB, AC, que l'on rattache les unes aux autres, et sur lesquelles on élève des ordonnées : on rencontre parfois de réelles difficultés, par suite de l'irrégularité des constructions, car il ne faudrait tracer qu'un petit nombre de directrices; dans tous les cas, il faut les rattacher avec soin les unes aux autres. Dans l'exemple donné (partie du plan de Toulouse), malgré les brusques changements de direction que présentent certaines rues, on peut établir de grands quadrilatères, tels que *abde*, *bcfg*; mais *fghk* est dans de mauvaises conditions, car il a un angle très-obtus et un côté, *fk*, trop petit (47); aussi, pour contrôler le résultat, il faut mesurer *ij*. La partie inférieure du plan offre de plus grandes difficultés; néanmoins on peut se servir d'un étroit passage *mn*. Pour

PLAN D'UNE VILLE N°55

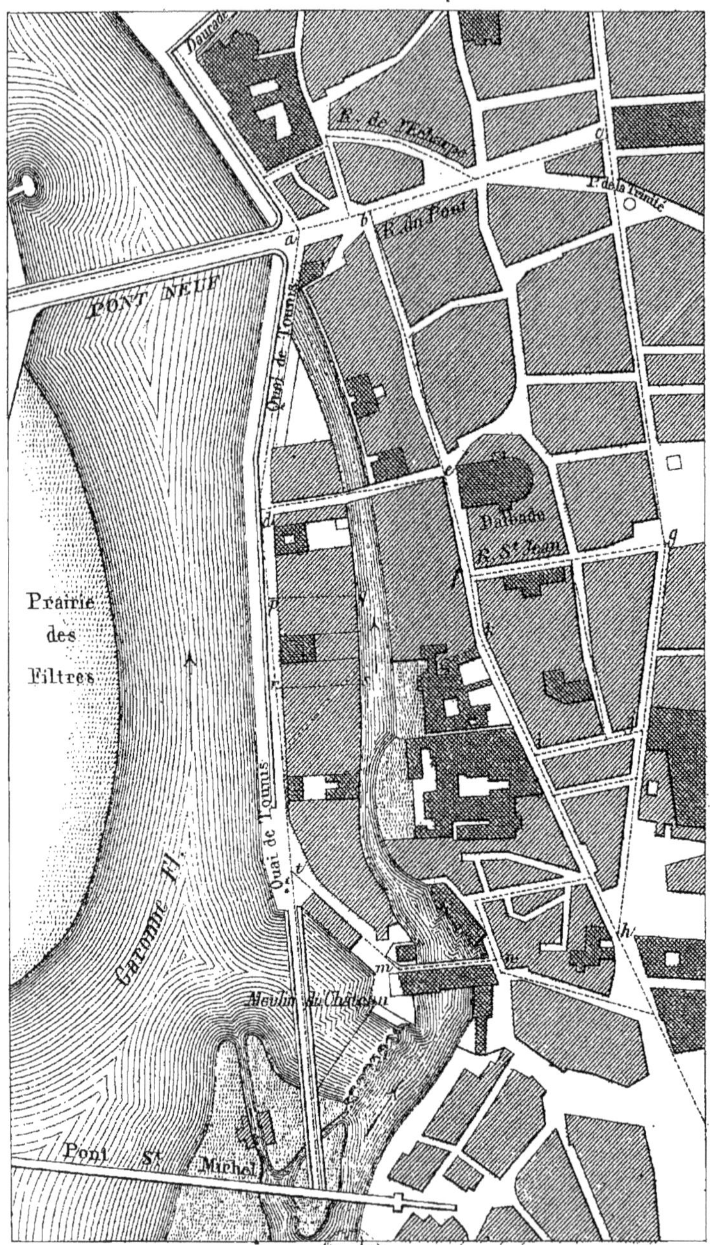

Imp. Monrocq.

lever le petit bras du fleuve, on mène des perpendiculaires, *pq*, *rs*, en utilisant les portes de certaines maisons et traversant les cours et les jardins. Pour les habitations et les monuments, on emploie les grandes lignes que l'on rencontre assez fréquemment, et l'axe de symétrie de certains bâtiments.

§ III. — Des instruments à lunettes.

56. Ordinairement, dans les instruments destinés au levé des plans et au nivellement, la lunette employée est la *lunette astronomique.*

L'*objectif* O donne, d'un corps éloigné AB, une image *ab* ren-

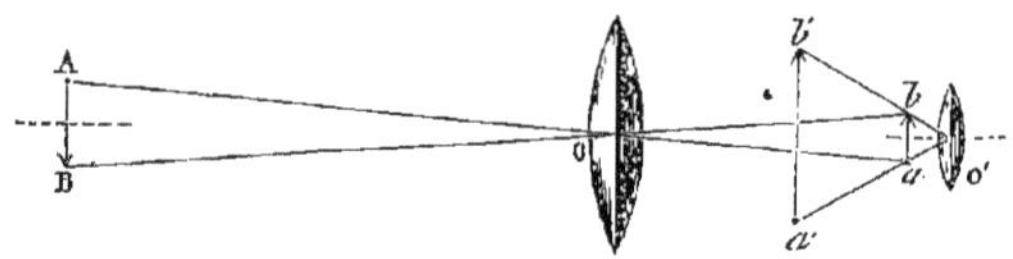

versée; placée à peu de distance du foyer principal de la lentille, cette image est regardée et amplifiée au moyen d'un oculaire *o'*. Pour qu'on puisse viser avec précision, la lunette porte un *réticule,* placé au point où se forme l'image *ab*.

Le *réticule* est une plaque percée qui porte deux fils rectangulaires; il est placé perpendiculairement à l'axe géométrique du tuyau de la lunette. On nomme *axe de visée* ou *axe optique* la droite qui joint le point de croisement du réticule au centre de l'objectif. Dans les lunettes bien construites, on cherche à faire coïncider l'axe de visée, l'axe géométrique de la lunette et la droite qui joint le centre de l'oculaire à celui de l'objectif.

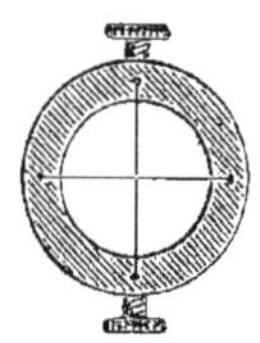

Suivant la vue de l'observateur, l'oculaire doit être plus ou moins rapproché de l'image *ab;* aussi diverses pièces cylindriques peuvent glisser les unes dans les autres, de manière à modifier la distance des lentilles. Pour viser un objet, il faut placer l'oculaire de manière à voir avec netteté les fils du réticule; puis, ces deux pièces étant maintenues à une distance invariable, on fait mouvoir le tuyau qui les porte, jusqu'à ce qu'on puisse voir distinctement l'image produite par l'objectif.

57. Afin de faire coïncider l'axe optique avec l'axe géométrique de la lunette, le réticule peut se mouvoir dans son plan suivant les directions qui correspondent aux deux fils; pour réaliser cette coïncidence, on peut placer la lunette sur deux supports angulaires, de manière qu'un des fils soit horizontal;

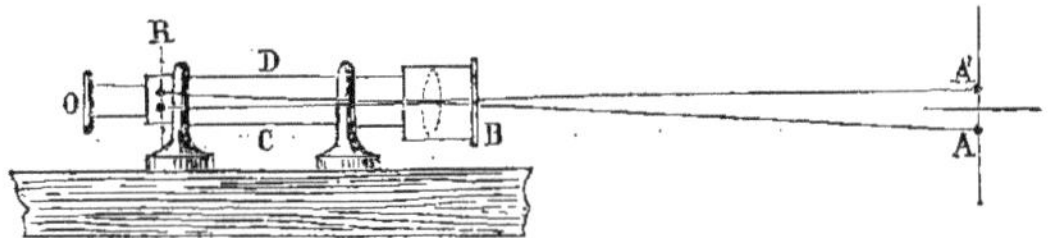

puis viser une mire éloignée ou un point remarquable, et faire tourner la lunette sur elle-même de telle sorte que la génératrice inférieure C vienne à la partie supérieure. Généralement on aperçoit un point A' différent du premier A ; on fait mouvoir le réticule jusqu'à ce que le rayon visuel rencontre le milieu de AA'. En procédant ainsi pour deux génératrices à 90 degrés des premières C et D, on arriverait à *centrer* complétement la lunette, et en faisant tourner l'instrument sur lui-même, on apercevrait toujours le même point. Dans bien des cas, pour les niveaux surtout, on ne fait qu'une opération, car il suffit qu'un des fils du réticule, étant placé horizontalement, coupe la même division de la mire après la rotation de 180°.

58. La *mise au point* se fait très-facilement. La lunette a presque toujours deux collets égaux, A et B, circulaires ou rectangulaires; on vise le point donné tangentiellement à ces deux collets, et plaçant l'œil à l'oculaire, on aperçoit

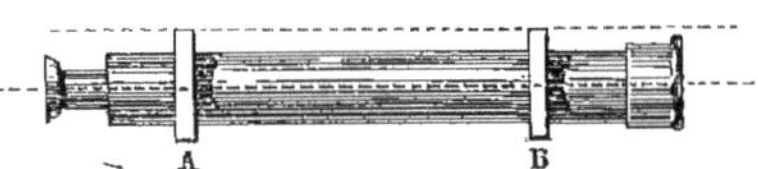

l'objet visé dans le *champ de la lunette;* puis, au moyen d'un dispositif variable suivant l'instrument, on amène l'axe optique à passer par le point considéré. L'image des objets est renversée; mais on s'habitue très-vite à l'aspect qu'offrent par suite les objets visés.

59. Lunettes plongeantes. On appelle *lunettes plongeantes* les lunettes assujetties dans leur mouvement à décrire un plan vertical; elles permettent de viser des points placés à des hauteurs très-différentes, et d'avoir néanmoins l'angle formé sur le plan horizontal par les projections des rayons visuels, quelque inclinés qu'ils puissent être par rapport à la verticale.

60. Graphomètre a lunettes. Le graphomètre à lunettes est un graphomètre dans lequel les pinnules des alidades sont remplacées par deux lunettes plongeantes ; l'une d'elles, située au dessous du demi-cercle, entre deux plaques qui prolongent le

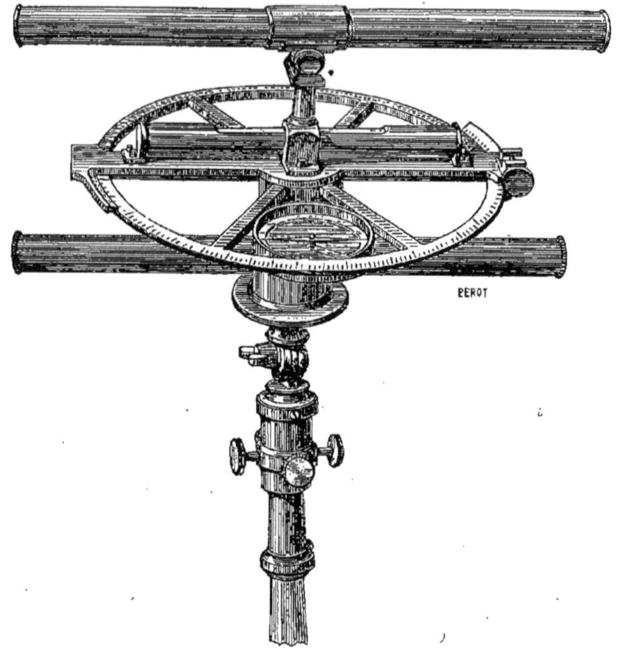

genou de l'instrument, remplace l'alidade fixe : le plan qu'elle décrit passe par la ligne de foi. La seconde lunette est disposée au centre de l'alidade mobile, et le plan qu'elle décrit en tournant autour d'un axe parallèle au limbe, peut former un angle quelconque avec le plan de visée de la première. Ordinairement ces plans sont verticaux ; car on dispose le limbe horizontalement au moyen d'un niveau à bulle d'air (141). Depuis quelques années, on a repris le limbe complet de 360° employé primitivement ; l'instrument se nomme *cercle à lunettes,* et se manœuvre comme le graphomètre à lunettes.

On conduit d'abord à la main l'alidade mobile, comme cela a lieu dans les instruments à pinnules ; mais pour amener exactement le plan de visée dans la direction voulue, il suffit de faire tourner une vis de pression. Une pince saisit alors le limbe, puis une vis de rappel fait mouvoir très-lentement l'alidade. Un dispositif plus ou moins analogue se retrouve dans tous les instruments de précision; de même tout l'instrument peut tourner facilement autour de son axe, puis recevoir un mouvement très-lent.

Le cercle à lunettes perfectionné dans toutes ses parties est connu des praticiens sous le nom de *théodolite,* bien que ce ne soit pas l'instrument ainsi nommé dans les observatoires. Nous nous bornerons à indiquer les pièces principales de celui de *Richer;* cet instrument est employé dans les bureaux de la compagnie Paris-Lyon-Méditerranée.

Théodolite. Un cercle gradué peut être placé sur un pied spécial par l'intermédiaire de trois vis calantes; un niveau à bulle

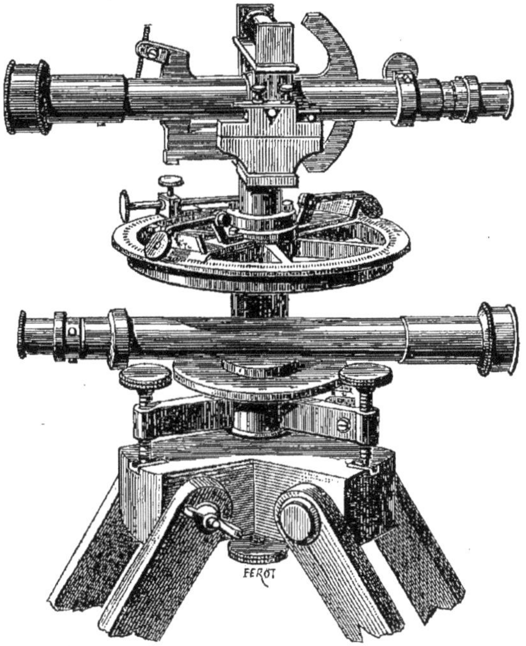

d'air (141) permet de le placer horizontalement; ce cercle est parfois refouillé dans son intérieur, et reçoit un autre cercle nommé *disque,* ou bien une alidade; et cette pièce, quelle que soit sa forme, porte deux verniers diamétralement opposés; un pivot fixé à cette pièce mobile soutient une lunette plongeante (59), qui se meut dans un plan perpendiculaire au limbe et mené par son centre; l'alidade et la lunette supérieure sont solidaires l'une de l'autre, et reçoivent un mouvement commun autour de l'axe vertical de l'instrument. Dans cette rotation, le zéro du vernier passe successivement devant les diverses divisions du limbe.

L'alidade peut être fixée au limbe et participer au mouvement que l'on peut donner à ce dernier. A son tour, le limbe peut être retenu invariablement par une pièce qui dépend de la lunette inférieure; dans ce cas, le limbe, l'alidade et la lunette supérieure participent au mouvement que l'on donne à la lunette inférieure. Cette dernière peut aussi se fixer au bâti de l'instrument, afin qu'elle demeure immobile lorsqu'on fait mouvoir les pièces supérieures.

La lunette inférieure est surtout utile dans la répétition des angles (109). Dans les opérations ordinaires, elle sert à viser un point éloigné devant servir de repère, afin de constater que le limbe reste immobile malgré le mouvement que l'on communique à l'alidade. Une loupe est placée à proximité de chaque vernier.

62. Mesure des angles. Pour mesurer un angle, on place le centre du théodolite exactement au sommet de l'angle, à l'aide d'un fil à plomb suspendu à l'axe de l'instrument; on fait coïncider les zéros du limbe et des verniers, et l'on tourne le limbe jusqu'à ce que le réticule de la lunette supérieure corresponde à un des points donnés; on serre la vis qui permettait à tout le système de se mouvoir autour de l'axe vertical, on desserre au contraire celle qui s'opposait au mouvement spécial de l'alidade; et l'on fait mouvoir celle-ci jusqu'à ce que l'axe optique de la lunette supérieure qu'elle porte soit dans le second alignement. Au moyen du vernier, on peut apprécier les minutes; dans la plupart des cas, une telle approximation suffit. Quand il en est autrement, on emploie la répétition des angles (109). Le théodolite de Richer donne même les *tiers* de minute.

63. Le *théodolite astronomique* porte un cercle vertical qui permet de mesurer l'*inclinaison* de la lunette plongeante dans toutes les positions qu'elle peut occuper. L'instrument que nous avons décrit (61) est muni d'un secteur pour déterminer les inclinaisons qui ne dépassent point 50° au-dessous et au-dessus de l'horizontale.

Le *cercle à lunettes* remplace avec avantage le graphomètre à lunettes; il donne les angles à une minute près, et peut suffire pour diriger les plus grands travaux. Le théodolite, construit avec plus de soin, peut fournir une plus grande précision dans la mesure des angles d'une triangulation; les bureaux du tracé des chemins de fer en font continuellement usage pour déterminer la projection horizontale de l'axe de la voie (189).

§ IV. — De la boussole et de son emploi.

64. La *boussole d'arpenteur* est une boîte carrée au centre de laquelle se trouve une aiguille aimantée très-mobile, dont la pointe azurée se dirige vers le nord. Les pointes passent à proximité d'un limbe circulaire gradué de 0° à 360°; le diamètre 0° — 180° est marqué Nord-Sud; c'est la *ligne de foi;* une lunette ou bien une alidade à pinnules AB, appelée aussi *visière,* est placée latéralement, et peut se mouvoir dans un plan vertical parallèle à la ligne de foi. Au moyen d'un genou à coquilles et du pied à trois branches, on place la boussole horizontalement; il suffit de constater que dans toutes les positions les pointes de l'aiguille sont au niveau du limbe; néanmoins quelques boussoles ont un niveau à bulle d'air (141). Le limbe est divisé en demi-degrés. Pour la lecture des angles, on ne considère que la *pointe azurée* de l'aiguille, et l'on place l'alidade à droite. Les oscillations sont un obstacle à la rapidité de la lecture; mais on peut examiner quelle est la position moyenne que tend à prendre l'aiguille, et l'arrêter à ce point à l'aide d'un petit levier disposé à cet effet; puis l'aiguille, abandonnée de nouveau à elle-même, ne fait que des oscillations de très-faible amplitude.

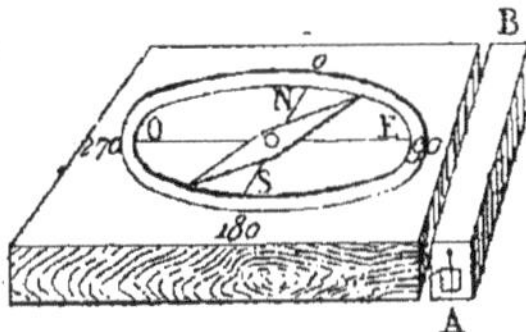

65. Déclinaison. On appelle *déclinaison* d'une aiguille aimantée, pour un lieu déterminé, l'angle que le plan vertical, passant par l'axe de l'aiguille, fait avec le méridien de ce lieu. Cet angle varie suivant les lieux et les époques; cependant on peut regarder comme parallèles les directions de l'aiguille aimantée pour une opération d'arpentage.

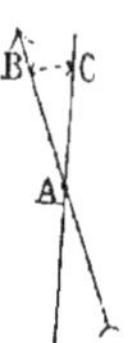

En 1874, la déclinaison de l'aiguille aimantée est *occidentale :* à Paris, elle égale environ 17° 3/4. Ainsi soit AB la position que prend l'aiguille aimantée, elle indique la direction du pôle magnétique boréal; mais il faut faire à droite un angle BAC de 17° 45′ pour obtenir la véritable direction du nord. Suivant les usages géographiques, le nord est à la partie supérieure du papier.

66. Vérification. Pour vérifier la boussole, il faut examiner si, dans toutes les positions, l'aiguille est dirigée suivant un diamètre. Lorsque cela n'a pas lieu, la différence provient ordinairement de ce que l'aiguille est mal *centrée;* une seule observation ne suffit pas pour reconnaître le défaut. Car, soit C le centre du limbe, et D le pivot, la direction CD correspond à un diamètre, et ne laisserait pas soupçonner l'inexactitude de l'instrument, si l'aiguille se rencontrait sur cette ligne.

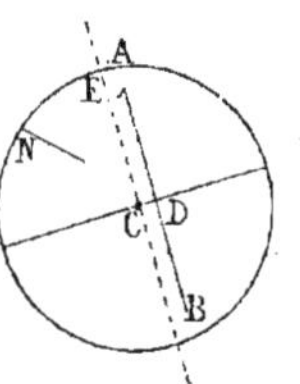

Il serait possible d'opérer exactement avec un instrument défectueux. Soit NA = 50°, et NAB = 189°; en retranchant 180 du plus grand nombre, on obtient 49°; la moyenne des valeurs 50 et 49 égale 49° 30′. Telle est la valeur à inscrire; elle correspond au diamètre CE. Cependant on néglige la différence si elle est peu considérable, et, dans le cas contraire, on fait modifier la boussole ou on la rejette.

Il peut arriver que, pour diverses positions de l'aiguille, la différence des degrés marqués par chaque pointe surpasse 180°; ou soit au-dessous de cette valeur, d'une quantité constante. Lorsque cela a lieu, l'aiguille est bien centrée, mais les deux extrémités de l'aiguille et le centre de rotation ne sont pas en ligne droite. Dans l'exemple cité, il faudrait retrancher un demi-degré aux indications fournies par la pointe azurée, et l'ajouter si B marquait 231°. Il n'est utile de faire cette correction que lorsqu'il s'agit d'orienter un plan; car, dans les levés à la boussole, toutes les quantités angulaires étant modifiées dans le même sens et de la même valeur, la figure est identique à celle qu'on obtiendrait avec un instrument exact; il faut faire la même observation lorsque l'alidade n'est point parallèle à la ligne de foi.

67. Azimut magnétique. L'azimut magnétique est l'angle que forme un plan vertical avec le méridien magnétique; pour déter-

miner l'azimut d'une droite xy, on place l'instrument à proximité de la ligne, de manière que l'alidade puisse être amenée dans le plan vertical conduit par la droite. Alors NS est parallèle à xy, et NCA est l'angle cherché; soit 28° lorsqu'on regarde dans la direction Ox, l'œil étant placé au point O. Suivant la manière de placer la boussole ou le sens du mouvement de l'observateur dans un levé d'ensemble, l'azimut cherché égale, comme dans l'exemple choisi, ou 28°, ou 28°+180=208°; c'est ce qui a lieu lorsqu'on regarde suivant Oy.

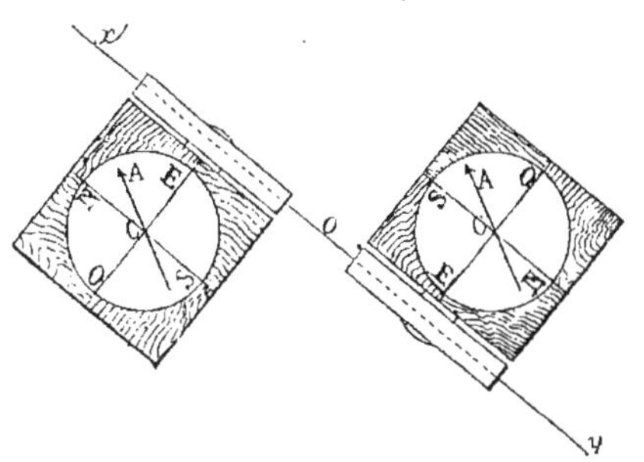

68. Excentricité de la visière. Dans les applications, on fait choix d'une station C, et de là on vise divers points, tels que E; or l'alidade ne passant pas par le centre de l'instrument, au lieu de mesurer ECA, on mesure en réalité NCA, qui surpasse le

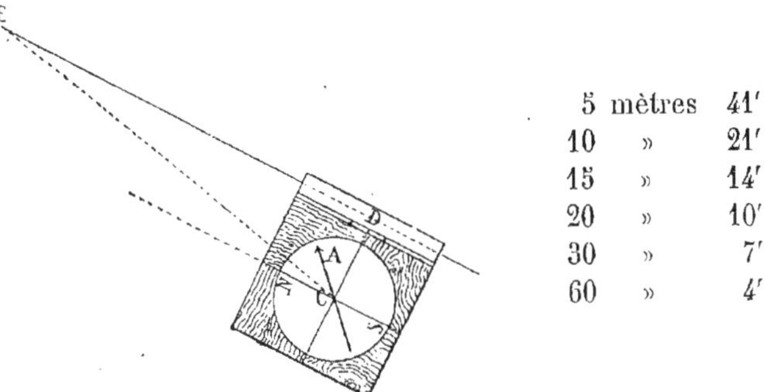

5	mètres	41′
10	»	21′
15	»	14′
20	»	10′
30	»	7′
60	»	4′

premier de la valeur NCE ou CED; l'inexactitude qui en résulte est nommée *erreur d'excentricité de la visière*. Généralement on n'en tient pas compte, car elle est très-petite relativement à l'approximation que donne la boussole. Lorsque CD égale 6 centimètres, elle ne donne pas un demi-degré pour une distance CE égale à 7 mètres; d'ailleurs, pour une boussole donnée, on peut déterminer la correction à faire suivant la grandeur de l'excentricité et la distance du point observé; car sinus $CED = \frac{CD}{CE}$; pour CD=6 centimètres, on a les résultats ci-dessus.

69. Mesure des angles. Pour mesurer un angle, il faut prendre l'azimut de chacun de ses côtés. Trois cas peuvent se présenter.

1° Les lignes CN, CN′, suivant lesquelles on place l'alidade, sont du même côté de l'aiguille, alors l'angle NCN′ égale la différence=87°—50°=37°.

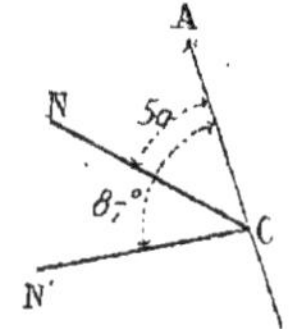

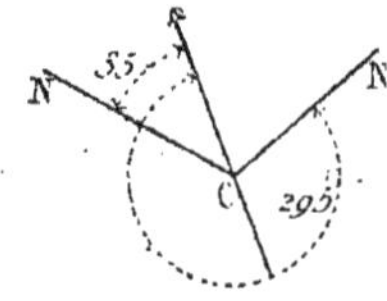

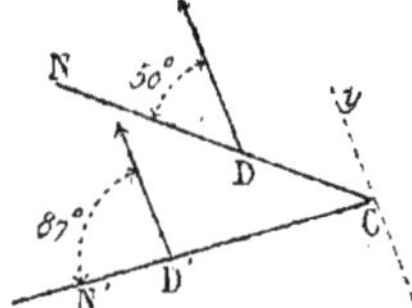

2° Les lignes CN, CN′ sont de part et d'autre de l'aiguille; alors, de 360°, il faut soustraire le nombre qui dépasse 180°, et l'ajouter à NCA; ainsi 360°—295′=65°; puis NCN′=35°+65°=100°.

3° Lorsqu'on ne peut pas se placer au sommet, il faut deux stations : l'une en D, par exemple, sur le côté NC, et l'autre en D′ sur CN′; et l'on retombe dans un des cas précédents; car, en menant par le sommet la droite C*y*, parallèle à l'aiguille, l'angle demandé NCN′ égale la somme ou la différence des azimuts trouvés.

70. Application au levé des plans. La boussole se prête très-bien aux méthodes par rayonnement et par intersections; mais on l'emploie surtout avec la méthode par cheminement, lorsqu'il faut lever les détails, tels que les sinuosités d'un ruisseau, les sentiers des bois, etc.

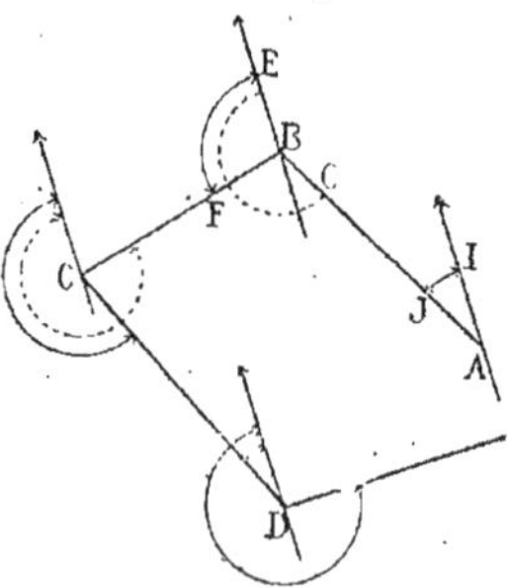

Soit à lever la ligne brisée ABCD; on se transporte successivement à chaque sommet; au point A, on mesure l'angle qui fait connaître la direction de AB; au point B, l'angle EBC, qui fait connaître celle de BC. Cette méthode est très-expéditive; cependant, comme vérification, il convient de mesurer au point B l'arc EFG, qui correspond à BA; il faut que EFG et IAJ aient 180° pour différence (66).

71. Avantages de la boussole. Dans les cas spéciaux indiqués (69), et surtout dans le levé des galeries des mines, la boussole offre de grands avantages sur le graphomètre : il n'est point nécessaire de se placer au sommet de l'angle; il n'existe jamais d'incertitude sur la direction des côtés, tandis que les erreurs sont assez fréquentes avec les autres instruments angulaires; enfin, une *seule visée* peut suffire. Aussi, déjà familiarisés avec l'usage de la boussole, par suite de son emploi dans les mines, les arpenteurs du département de la Loire l'utilisent continuellement pour les levés ordinaires.

72. Inconvénients de la boussole. Les angles ne peuvent être évalués qu'à un quart de degré près; les oscillations de l'aiguille nuisent à la rapidité et à l'exactitude de la lecture. Lorsqu'on opère, il faut éviter de placer du fer à côté de l'instrument; enfin, on ne peut employer la boussole dans les mines d'où l'on extrait l'oxyde magnétique de fer.

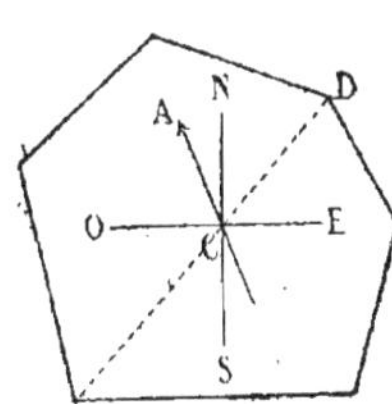

73. Orientation du plan. Orienter un plan, c'est indiquer sur ce plan la direction des points cardinaux. Pour opérer à l'aide de la boussole, il faut prendre l'azimut d'une des principales lignes du plan. Soit, par exemple, ACD = 60°; le méridien terrestre fait avec DC l'angle DCN, qui égale 60° moins la déclinaison (65); soit :

$$60° - 17°44' = 42°16'.$$

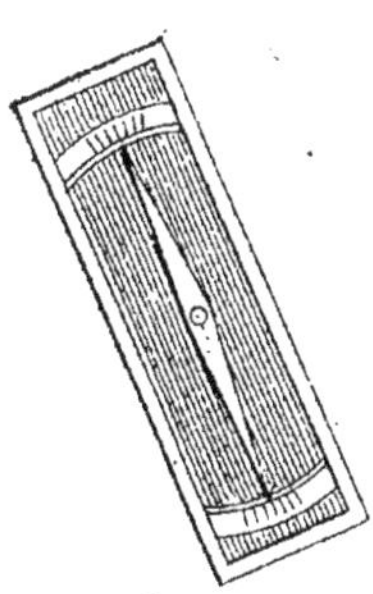

Remarque. Souvent le pantomètre et le graphomètre ont une boussole, ce qui permet d'orienter les plans et même d'employer cet instrument comme *boussole d'arpenteur*. Lorsqu'on veut se borner à orienter un plan, on peut se servir du *déclinatoire*.

74. Le *déclinatoire* est une boussole dont le limbe ne comprend que quelques degrés à droite et à gauche de la ligne de

foi; la boîte est rectangulaire, et les deux côtés les plus longs sont parallèles à la ligne de foi.

A défaut de boussole, on peut orienter approximativement un plan en déterminant la méridienne sur le terrain. (Voir *Cosmographie* F. P. B.)

§ V. — De la planchette et de son emploi.

75. La *planchette* est une petite table portative; à l'aide d'un genou fixé à son centre, elle peut être placée sur le pied à trois branches. Un niveau à bulle d'air (141) permet de l'établir horizontalement. Simultanément avec la planchette on emploie une alidade qui détermine avec une certaine précision les plans de visée.

L'*alidade à pinnules* se compose d'une règle de cuivre munie à ses extrémités de deux longues pinnules; chacune d'elles a

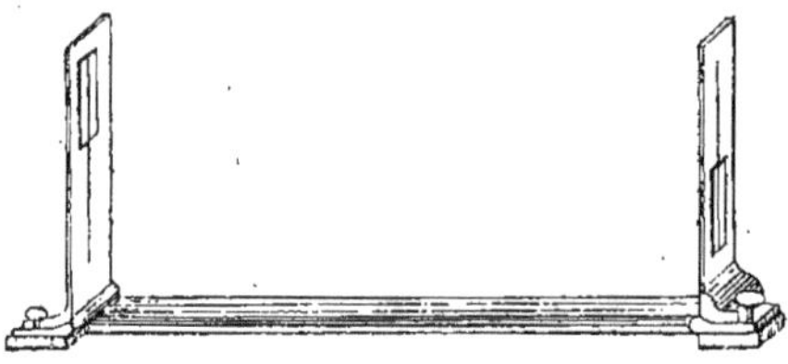

une fente et une fenêtre. Un des bords de la règle est la ligne de foi ou de collimation; cette droite correspond au plan de visée.

L'*alidade à lunette* offre plusieurs avantages : une lunette plongeante (59) est fixée à une certaine hauteur au-dessus de la règle; l'axe de la lunette et la ligne de foi doivent être dans un

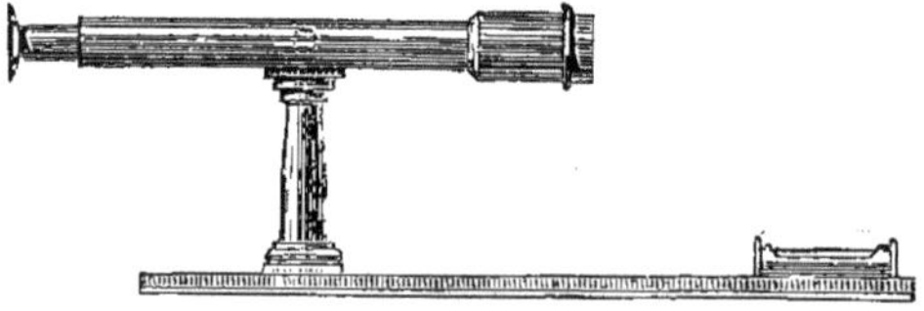

même plan; lorsque cela n'a point lieu, la différence angulaire entre la ligne de foi et la projection sur la règle de l'axe optique de la lunette (56), où le plan de visée des pinnules est nommée, comme dans le graphomètre, *erreur de collimation;* on peut utiliser sans inconvénient une alidade qui présenterait cette disposition (53 et 66).

76. Méthode par rayonnement. On établit la planchette horizontalement, et sur la feuille de papier bien tendue, on dessine directement le plan du terrain; pour cela, on place une aiguille au point qui doit servir de centre, afin de faire passer avec facilité la ligne de foi par ce point; puis on vise le sommet B, et la droite, tracée sur le papier suivant OB, a la direction voulue. Il faut prendre à l'échelle adoptée une longueur *ob* qui corresponde à OB; il en est de même pour les autres sommets.

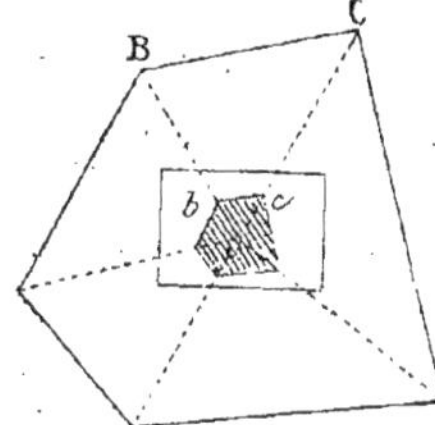

77. Méthode par intersections. La méthode par intersections est très-souvent adoptée lorsqu'on emploie la planchette.

Soit *ab* la distance sur le papier des stations choisies; la planchette mise en station au point A, de manière que *ab* soit dans la direction de AB; on vise successivement les divers sommets, et l'on mène les lignes correspondantes; puis la planchette est mise en station au point B, et l'on vise de nouveau les sommets : les intersections des lignes ainsi menées et des lignes primitives déterminent le polygone.

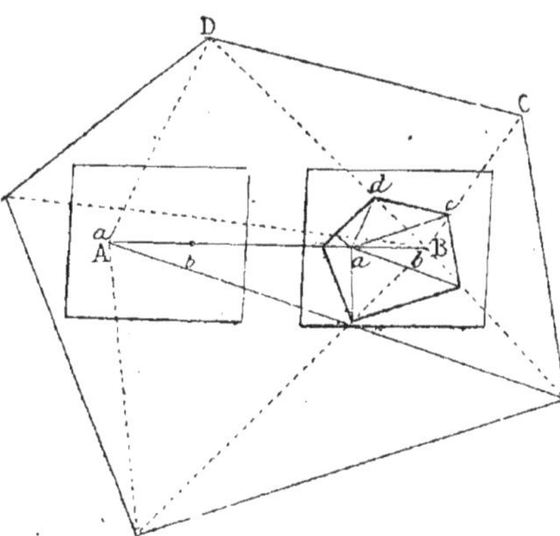

78. Mise en station. La *mise en station* comprend deux opérations : la *mise au point* et l'*orientation* de la planchette.

1° *Mise au point.* Pour mettre la planchette au point convenable, on emploie le compas d'épaisseur; une des extrémités du compas est placée en *a*, et l'autre soutient un fil à plomb qui doit correspondre au point A du sol.

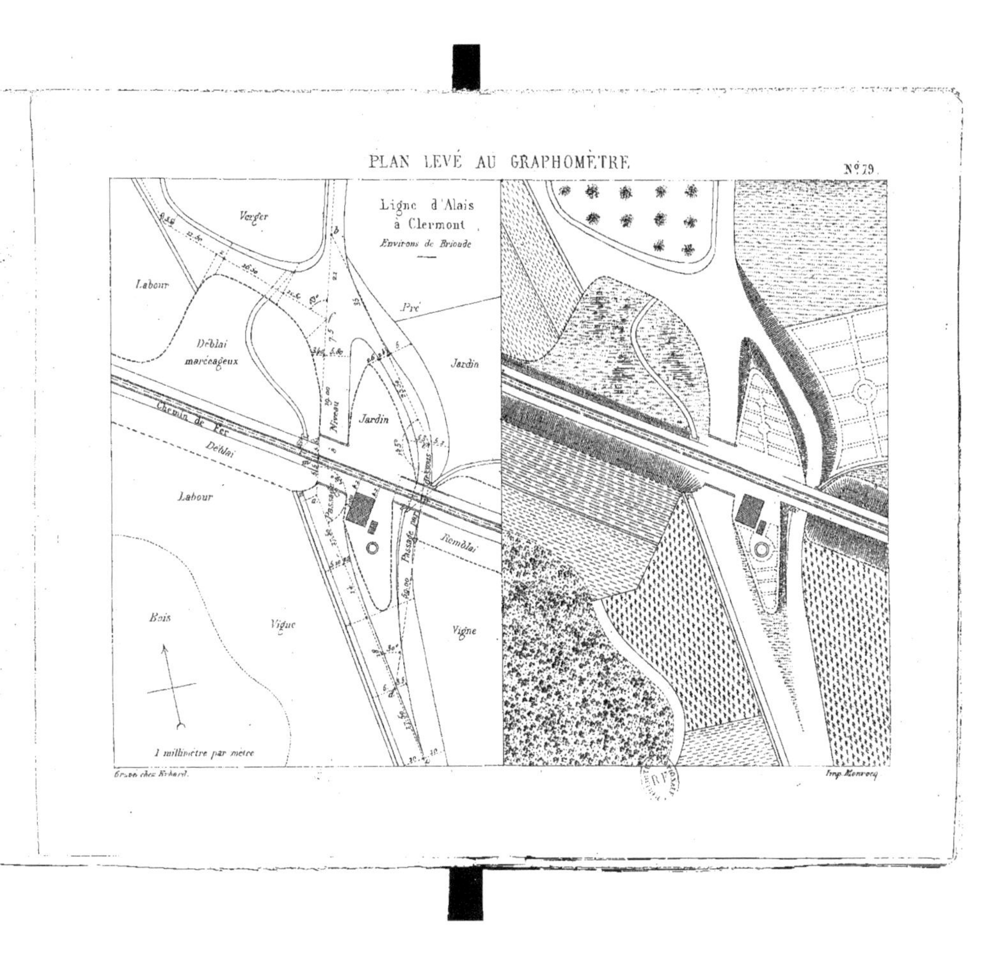
PLAN LEVÉ AU GRAPHOMÈTRE
N° 79
Ligne d'Alais
à Clermont
Environs de Brioude
Verger
Labour
Pré
Déblai
marécageux
Jardin
Jardin
Niveau
Chemin de Fer
Déblai
Labour
Passage
Remblai
Bois
Vigne
Vigne
1 millimètre par mètre
Gravé chez Erhard.
Imp. Monrocq

2° *Orientation de la planchette.* Orienter la planchette, c'est là placer de manière qu'une droite *ab* soit contenue dans un même plan vertical que la droite AB du terrain ; l'alidade suffit pour cette opération : on fait tourner la planchette autour du point *a*, jusqu'à ce que la ligne de foi placée suivant *ab* ait la direction de AB.

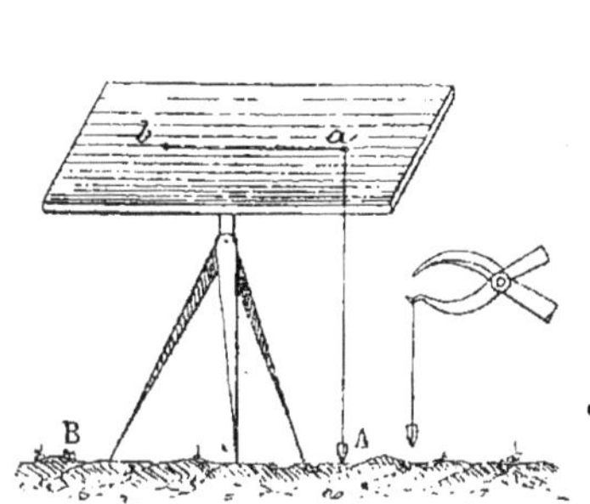

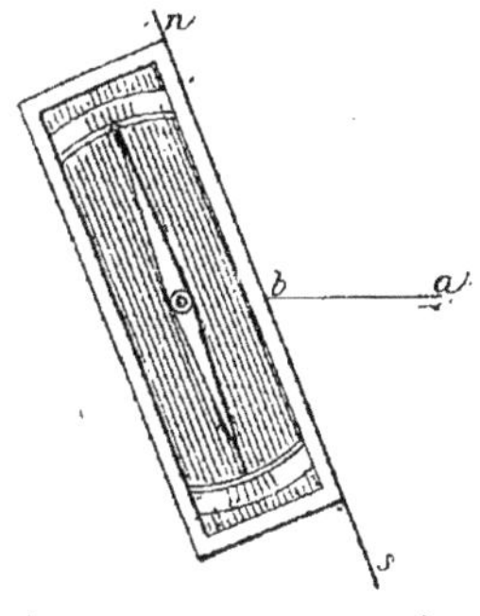

On peut employer le *déclinatoire* (n° 74) : à la première station, on place le déclinatoire sur le dessin de manière que l'aiguille ait la direction marquée NS, et en utilisant le côté de la boîte, on trace la ligne *ns ;* à la nouvelle station, *b* étant sur le point B du terrain, on fait tourner la planchette jusqu'à ce que l'aiguille du déclinatoire, placée dans sa position primitive, ait de nouveau la direction de la ligne de foi ; alors *ba* a la direction de BA, et d'une manière plus générale ; les lignes tracées aux stations précédentes sont parallèles aux lignes qui leur correspondent sur le terrain.

Remarque. La mise en station et l'orientation sont des opérations assez délicates ; car généralement le nouveau centre *b* ne correspond pas au pied de l'instrument, à moins d'employer pour celui-ci un dispositif compliqué nommé *genou à la Cugnot ;* encore n'obtient-on pas ce résultat lorsque *b* est trop rapproché des bords de la feuille. Aussi, faire tourner la planchette autour de *b* ne s'obtient, le plus souvent, qu'en déplaçant le pied de manière que les points *b* et B se trouvent sur la même verticale ; il convient donc de ne pas trop multiplier les stations et de recourir à la méthode par rayonnement (47).

79. Avantages de la planchette. La planchette, surtout avec l'emploi des deux stations (77), est très-utile pour les levés

préparatoires, car elle permet d'opérer très-rapidement, et l'on a ainsi une représentation suffisamment exacte des lieux à étudier; aussi la topographie militaire a fréquemment recours à la planchette. Mais cet instrument est moins utile quand il s'agit d'un travail définitif, surtout si l'on tient à la précision et à la netteté du dessin; d'ailleurs, souvent on ne fait un levé que pour déterminer l'aire du terrain, et les instruments qui mesurent les angles permettent d'utiliser les ressources que fournit la trigonométrie, pour obtenir la surface avec les seules quantités mesurées directement, tandis que le dessin donné par la planchette doit être décomposé au bureau, et les valeurs ainsi déterminées se trouvent dépendre d'un travail dont on ne peut pas toujours garantir l'exactitude.

Exemple de plan d'ensemble. L'exemple donné est pris sur la ligne de Paris à Cette. Le libre parcours du terrain n'étant pas possible, il faut mener les lignes d'opération *ab*, *ac*, etc., hors des parcelles cultivées : le chemin de fer est rectiligne; en mesurant l'angle *m* on détermine la direction de *ab*, puis celle de *ac*, etc.; la droite *de* passe au-dessous de la voie ferrée. On peut néanmoins déterminer sur le pont le point *n* qui correspond à *de*, et mesurer *mn* pour s'assurer de l'exactitude de la construction du quadrilatère principal *abed*; le mesurage direct de *ae* aurait été très-utile, mais on ne pouvait pas l'effectuer. Les détails ont été rattachés aux directrices au moyen d'ordonnées dont on n'a figuré qu'un petit nombre.

Le même plan pourrait être levé avec facilité à l'aide de la boussole, mais la planchette serait peu utile; car diverses propriétés ont des murs de clôture, et le terrain est très-mouvementé : à droite de *cb* il y a une dépression considérable du sol; aussi le chemin de fer, d'abord en tranchée profonde, se trouve bientôt sur un talus de cinq à huit mètres d'élévation.

CHAPITRE II

REPRODUCTION DU PLAN LEVÉ

§ I. — De la construction des angles.

80. *Rapporter un plan*, c'est le dessiner, en traçant sur le papier des angles égaux à ceux qu'on a mesurés, et prenant pour côtés des grandeurs qui soient dans un rapport constant avec les projections des lignes du terrain; en d'autres termes, c'est dessiner une surface semblable à la projection horizontale de la surface du terrain.

81. Reproduction des angles. Pour faire un angle égal à un angle donné, on emploie généralement le rapporteur, surtout lorsque le levé a été fait à l'aide du graphomètre à pinnules, du pantomètre ou de la boussole. Lorsqu'on a employé la méthode par rayonnement, et que les angles ont été mesurés successivement, il est utile, pour opérer avec plus de rapidité et de précision, de faire la somme de ces angles consécutifs de zéro à 180.

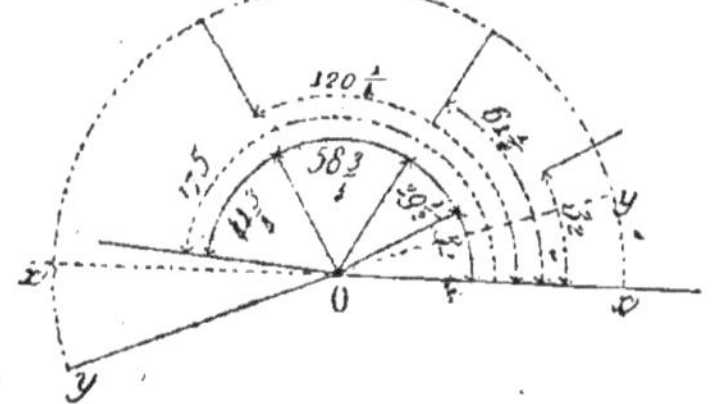

Soit à construire les angles consécutifs 32, $29\,^1/_2$, $58\,^3/_4$, $44\,^3/_4$; la somme des deux premiers $= 61\,^1/_2$; des trois premiers $= 120\,^1/_4$, etc.; en partant de Ox, et sans déplacer le rapporteur, on construit les angles 32°, $61\,^1/_2$... Si la somme de plusieurs angles est plus grande que deux droits, soit, par exemple 200°, de cette valeur on soustrait 180°; la différence = 20°, et, *sans déplacer* le rapporteur, on fait l'angle xoy égal à 20°; le prolongement de Oy est le côté cherché, car l'arc $xyy' = 200°$.

La graduation de la boussole est tracée de gauche à droite; mais dans la mesure de l'angle, l'aiguille se dirigeant vers le pôle magnétique, la ligne nord-sud tourne de droite à gauche par rapport au méridien; aussi, CA indiquant la direction de l'aiguille, il faut faire à gauche de CA les angles plus petits que 180°; ainsi, pour 45°, on a ACB; et lorsque l'arc est plus grand que 180°, soit 210°, par exemple, on soustrait 180° de cette valeur, et à droite de CD, prolongement de la partie azurée de l'aiguille, on fait l'angle DCE égal à 210°—180°, ou 30°; ou, comptant les degrés à partir de CA, et vers la droite, on fait l'angle ACE égal à 360°—210=150°.

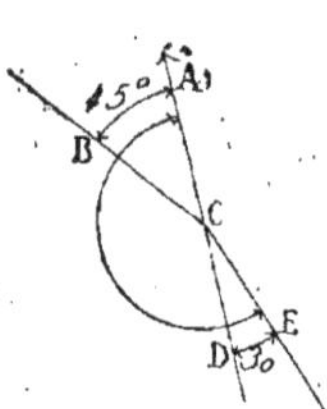

Lorsqu'il faut obtenir les angles avec précision, on abandonne le rapporteur, et on a recours à un des procédés suivants :

Emploi de la tangente. On prend une grandeur AB facile à mesurer, 1 décimètre, par exemple, et sur la perpendiculaire élevée en B, on prend une longueur égale à celle de la tangente de l'angle : pour 40°, on a BC = 0,839; et si AB = 100 millimètres, on aura BC = 83mm,9.

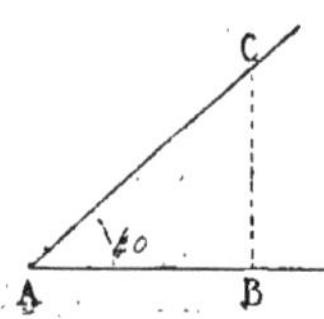

La tangente est surtout utile lorsque l'angle est très-petit; elle est facile à employer et donne de bons résultats pour les angles qui ne dépassent pas 60°; au delà, la longueur est trop considérable pour une construction graphique.

82. Emploi de la corde. Après avoir décrit un arc avec un rayon de 100 millimètres, par exemple, on cherche dans des tables calculées à cet effet la valeur de la corde qui correspond à l'angle donné. Pour 40°, on trouve 0,684; soit à l'échelle adoptée 68mm,4 : du point b comme centre, avec la longueur déterminée, on coupe l'arc en c, etc.

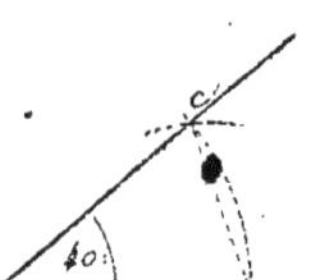

Lorsqu'on n'a point à sa disposition de table spéciale, on prend le double du sinus de la moitié de l'angle donné; sinus

20°=0,342; par suite, la corde de 40°=0,684; le calcul est plus long si l'on n'a qu'une table logarithmique, car du logarithme $\bar{1}$,53405 il faut remonter à la fonction 0,34202. Au delà de 120°, il est préférable de construire le supplément de l'angle demandé.

Remarque. Quelque laborieux que puisse être l'emploi de la table des cordes, c'est le *seul procédé* usité dans les bureaux de chemins de fer, pour la construction du plan-type sur lequel on trace l'axe de la voie.

§ II. — Des échelles.

83. L'*échelle d'un plan* est le rapport constant des lignes de la figure qu'on dessine aux lignes homologues de la surface levée.

Par extension, on appelle encore *échelle* une droite divisée en parties égales à l'unité, et dont la longueur est à l'unité linéaire du plan dans un rapport donné.

Souvent l'échelle est exprimée par une fraction ayant l'unité pour numérateur, $\frac{1}{200}$ par exemple; dans ce cas, 1 mètre sur le papier correspond à 200 mètres sur le terrain. On écrit aussi 0,005; sous cette forme, on voit que 5 millimètres sur le dessin correspondent à un mètre sur le plan de levé; l'échelle de $\frac{1}{2500}$, ou 1 mètre pour 2500, peut être exprimé par $\frac{4}{2500 \times 4}$ ou 0,0004; c'est-à-dire 4 dix millimètres par mètre.

84. Les *ponts et chaussées* emploient, suivant les circonstances, les échelles ci-après :

$\frac{1}{5000}$	ou 0,0002	par mètre	pour les plans d'ensemble.
$\frac{1}{2500}$	ou 0,0004	*id.*	
$\frac{1}{2000}$	ou 0,0005	*id.*	
$\frac{1}{1000}$	ou 0,001	*id.*	pour les plans parcellaires et les longueurs des profils en long.
$\frac{1}{200}$	ou 0,005	*id.*	pour les profils en travers et les grands travaux d'art.

$\frac{1}{100}$ ou 0,01 par mètre } pour les travaux d'art de moyenne
$\frac{1}{50}$ ou 0,02 *id.* } grandeur.

85. Plan cadastral. L'étendue des diverses propriétés est un des éléments essentiels pour fixer la quotité de l'impôt foncier d'après la nature du terrain et le genre de culture auquel il est soumis. Les diverses superficies limitées par des lignes naturelles, telles que haies, fossés, chemins, ou par des limites conventionnelles établies par deux propriétaires voisins, constituent autant de *parcelles;* l'arpentage complet de la France est connu sous le nom de *cadastre;* aujourd'hui on dit souvent le *plan parcellaire,* pour désigner le plan cadastral d'une commune.

Les principales échelles du cadastre sont les suivantes :

$\frac{1}{5000}$ ou 0,0002 par mètre, pour les forêts et les terrains étendus peu ou point cultivés.

$\frac{1}{2500}$ et $\frac{1}{1250}$ pour les plans spéciaux déposés aux mairies.

Les plans faits depuis 1832 sont généralement à

$$\frac{1}{2000} \text{ et } \frac{1}{1000}.$$

Enfin, les plans parcellaires dressés par les compagnies de chemin de fer en vue de l'expropriation, sont invariablement à l'échelle de $\frac{1}{1000} = 0,001$.

86. Construction des échelles. L'échelle des dixièmes est une échelle qui permet d'évaluer le dixième des plus petites divisions tracées.

Soit à construire l'échelle au dixième pour le rapport $\frac{1}{2500} = 0,0004$ (N° 83).

Prenons AB=AC=4 centimètres; cette longueur correspond à 100 mètres, puisque 1 mètre doit être représenté par 0,0004. On divise EF en 10 parties égales, et on joint les points A, 10, 20..., de BA, aux points G, H, I..., de FE. On sait (Géométrie F. P. B.) que les portions de parallèles 1—1', 2—2'..., comprises entre AE et AG, sont respectivement égales à $\frac{1}{10}$, $\frac{2}{10}$ de GE; on a 1m, 2m... Ainsi, pour mesurer sur cette échelle 147 mètres, il suffit de prendre MN, car M7 = 100m; 7—7′ = 7m, et 7′—N = 40m.

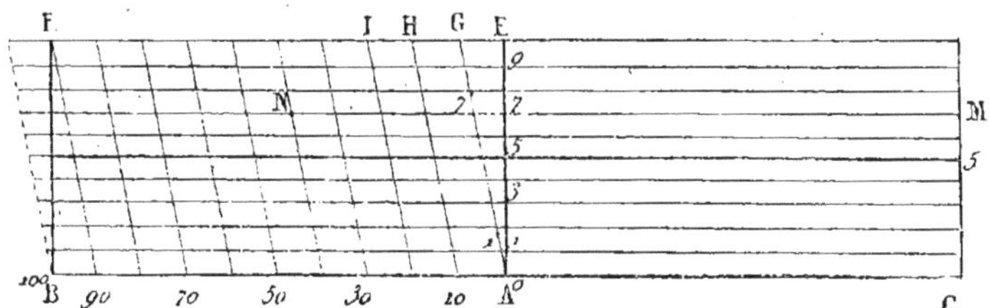

Le plus souvent on n'a point recours à cette construction; on se borne à tracer une droite, dont une division est subdivisée en 10 parties égales; telle est l'échelle suivante, à 0,0005 par mètre.

Pour les rapports $\frac{1}{1000}$, $\frac{1}{100}$, on emploie le double décimètre à biseau; souvent on en fait autant pour $\frac{1}{5000}$, $\frac{1}{500}$, etc. Pour la première valeur, on prend 2 millimètres pour 10 mètres; et 2 millimètres, par mètre pour la seconde.

§ III. — Report du plan.

87. Méthode par alignement. Lorsqu'on a employé la méthode par alignement, il faut dans tous les cas *cumuler* les distances, si on ne l'a point fait sur le terrain; ainsi, au lieu de prendre successivement sur une directrice les longueurs 5, 6, 9..., il faut prendre toujours, à partir du point A, les valeurs 5, (5+6) ou 11, (11+9) ou 20; pour les détails, les perpendiculaires sont élevées au moyen de l'équerre; mais si une ordonnée

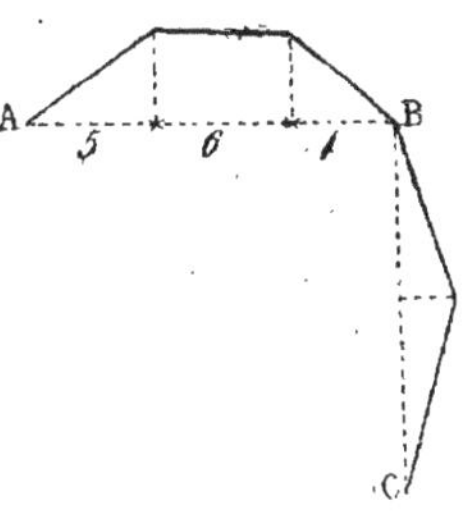

telle que BC doit servir de base d'opération, il faut l'élever à l'aide du compas. Il faut aussi apporter le plus grand soin au *rattachement* des directrices.

88. Méthode par cheminement. Dessiner un plan levé par rayonnement ou par intersections n'offre aucune difficulté, et ne demande pas d'explication particulière; mais il n'en est pas ainsi lorsqu'il a fallu recourir à la méthode par cheminement.

1er Cas. *Report d'un périmètre fermé levé au graphomètre.*

Il faut, avant tout, s'assurer que la somme des angles égale autant de fois 2 droits qu'il y a de côtés moins 2; les angles rentrants, tels que C, sont remplacés par (360° — C). Si le graphomètre ou le pantomètre ne donnent les angles qu'à 2 minutes près, on ne doit pas tolérer une différence, en plus ou en moins,

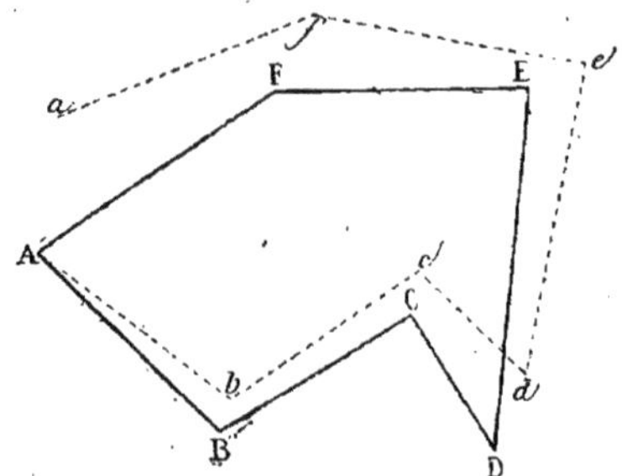

plus grande que la valeur obtenue en multipliant 2 minutes par le nombre de côtés. Dans le cas actuel, avec 6 angles, admettons que la somme = 8 droits + 10'; il faut retrancher à chaque angle le sixième de 10'; puis on fait l'angle A. On prend AB d'après l'échelle adoptée; au point B on construit l'angle ABC, etc.; mais, malgré toutes les précautions prises, il arrive souvent que le polygone *ne se ferme point.* On obtient une figure telle que A*dfa,* au lieu de ADFA; et rien n'indique si l'erreur provient de l'inexacte mesure des lignes, ou bien du report fautif des côtés ou des angles : l'unique ressource est de recommencer les constructions graphiques, et enfin de recourir à une nouvelle étude du terrain. Les mêmes difficultés se présentent lorsque le périmètre ne doit pas être fermé; et même dans ce cas, si on construit A*bcd* au lieu de ABCD, rien n'avertit de l'erreur; aussi les opérateurs sérieux ont soin, autant que possible, de rattacher le point

D à un point déjà levé; ils se réservent ainsi la possibilité de contrôler le travail fait sur le terrain et au bureau.

Exemple. A Vif, sur la ligne de Grenoble à Gap, pour gagner une différence de niveau de 200 mètres sur une distance de 2 kilomètres, on a donné au chemin de fer 8 kilomètres de développement; les courbes sont indiquées par les sommets C, D, etc., que déterminent les parties rectilignes prolongées. Il y a environ trente angles; les dessinateurs ont mesuré sur le terrain les distances minima 150^m et 178^m, qui leur ont permis de contrôler leur travail. Chaque angle a été construit à l'aide de la table des cordes (82), et examiné à diverses reprises; les droites ont été vérifiées à l'aide d'un fil de soie que l'on tendait d'un point à l'autre.

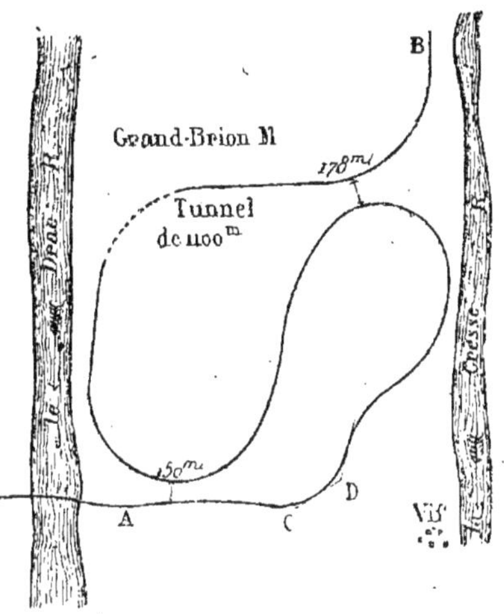

89. Levé a la boussole. Dans beaucoup de cas, la boussole ne donne pas les angles avec une approximation suffisante; mais le report des levés par cheminement effectués avec cet instrument offre moins de difficulté que celui des plans levés au graphomètre; car l'altération d'un angle laisse les côtés parallèles à la direction qu'ils auraient dû avoir; l'erreur affecte bien toute la construction, mais elle n'augmente pas sans cesse, car la ligne A*a* se trouverait égale et parallèle à B*b*, qui représente l'erreur primitive.

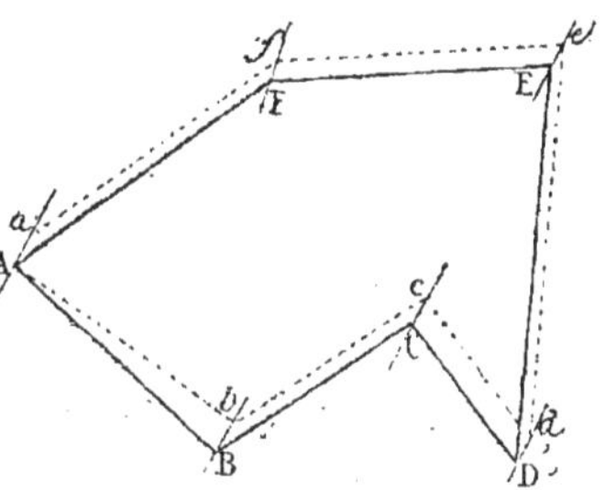

90. Report au moyen des coordonnées. Dans les cas difficiles qui exigent de la précision, comme à l'exemple donné (88), on

retire les plus grands avantages d'une méthode toujours employée dans les triangulations, mais trop peu connue dans les bureaux : il faut recourir aux coordonnées (Géométrie F. P. B., nº 473).

On projette tous les sommets sur deux axes rectangulaires quelconques, et on calcule les ordonnées de chaque point. Or *la projection d'une droite limitée est égale à la longueur de cette droite multipliée par le cosinus de l'angle que sa direction fait avec l'axe de projection* (Trigonométrie F. P. B., nº 23); il est donc toujours facile d'avoir les coordonnées des sommets.

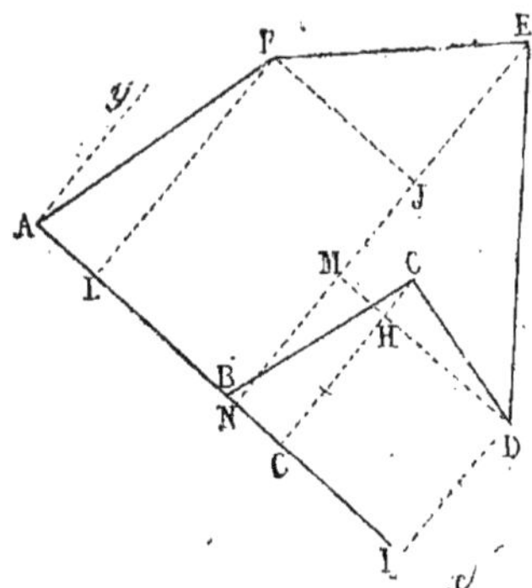

Dans la pratique, on procède comme il suit : on prend un côté AB pour axe des x, une perpendiculaire AY pour axe des y; on abaisse diverses perpendiculaires, et avec les données suivantes, on obtient les résultats ci-dessous.

DONNÉES				RÉSULTATS		
Angles	Valeur	Côtés	Longueur	Sommets	x	y
A	71° 06′	AB	18,40	A	0	0
B	110°	BC	17,50	B	18,40	0
BCD	90°	CD	11,10	C	24,385	16,45
D	37°	DE	25,90	D	34,819	12,6538
E	80°	EF	19,20	E	20,7035	34,3839
F	151° 54′	FA	20,60	F	6,6683	19,4895
				A	— 0,0047	— 0,0005

L'angle $CBI=180^\circ-110^\circ=70^\circ$; or $BG=BC \cos 70^\circ=5{,}985$; donc $AG=18{,}4+5{,}985=24{,}385$.

$$CG=BC \cos 70=17{,}5 \cos 70=16{,}45.$$

$$\text{L'angle } BCG=90^\circ-CBG=20^\circ;$$

$$\text{or l'angle } DCH=DCB-BCG=90^\circ-20^\circ=70^\circ.$$

$$DH=DC \text{ sinus } DCH=11{,}1 \sin.\ 70=10{,}434.$$

$$AI=AG+DH=24{,}385+10{,}434=34{,}819.$$

$$CH=DC \cos DCG=3{,}7962;\ \text{donc}\ DI=CG-CH=12{,}6538.$$

$$\text{L'angle } CDH=57^\circ;\ DM=14{,}1155;\ \text{d'où}\ AN=20{,}7035.$$

On continue de la même manière. Les coordonnées du point A correspondent à l'origine autant que peuvent le comporter les constructions à effectuer; on peut donc compter sur l'exactitude des mesures prises sur le terrain. La construction du polygone n'offre aucune difficulté : ainsi, pour obtenir le sommet E, il faut prendre $AN=20{,}70$; élever une perpendiculaire sur Ax, au point N, et prendre $NE=34{,}38$; de même pour les autres sommets.

Pour les calculs, on s'est borné à employer la petite table des fonctions trigonométriques (Géométrie F. P. B., page 275).

Remarque. Le calcul est long, mais les dessinateurs les plus ordinaires arrivent ainsi à des résultats très-exacts; et, dans le cas où le périmètre doit être fermé, on est certain, sauf erreur de calcul, que les mesures prises sur le terrain sont fautives si les coordonnées du point origine, obtenues par la dernière opération, diffèrent de celles qu'on leur a données au début.

§ IV. — Reproduction des plans dessinés.

91. Copie des plans. Pour reproduire un plan déjà dessiné, on peut placer le *dessin-minute* obtenu sur des feuilles destinées au nouveau travail, et avec une aiguille piquer les points principaux du périmètre; ce procédé est très-expéditif et donne les points avec assez de précision; mais une grande netteté dans l'exécution du travail étant aujourd'hui une condition de rigueur, ce moyen est rarement employé dans la plupart des bureaux.

On peut *calquer* le dessin-type en le dessinant sur du papier transparent, ou mieux sur une toile préparée à cet effet. Les bureaux des chemins de fer font toujours les calques sur toile.

92. Reproduction des plans. Pour reproduire un plan en le réduisant ou l'amplifiant dans un rapport donné $\frac{m}{n}$, on a recours à divers procédés.

1° *Angle de réduction.* On trace deux droites concourantes, sur lesquelles on prend des longueurs AM, AN qui soient dans le rapport voulu; on porte une droite du plan donné de A en B. Par ce dernier point, on mène une parallèle à MN; et AC est la longueur de la droite, qui sur le nouveau plan doit correspondre à AB. Ce procédé fort long est notablement abrégé par l'emploi du *compas de réduction*, et surtout par celui du *pantographe*.

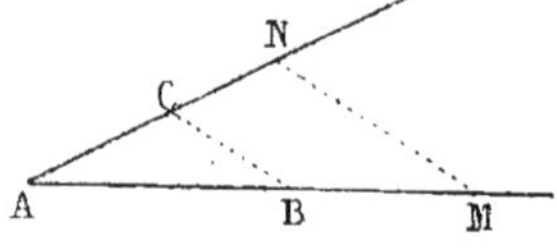

2° *Méthode des carrés.* On trace des carrés sur le plan-minute, et un autre réseau sur la feuille où l'on doit opérer; les côtés des carrés des deux plans doivent être dans le rapport

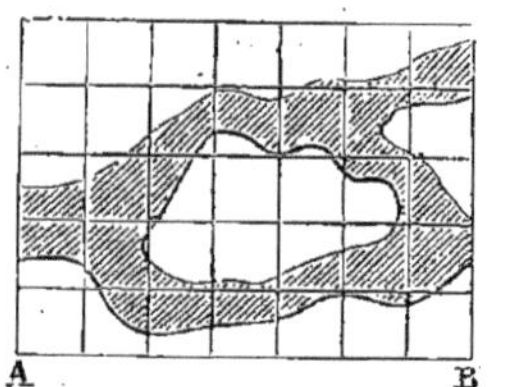

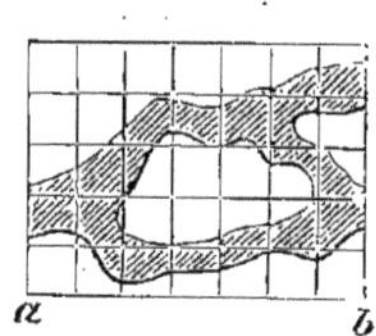

donné; puis on dessine dans chaque carré de *ab* une figure analogue à celle qui lui correspond sur la feuille AB.

Cette méthode peut être employée pour reproduire un dessin en véritable grandeur.

CHAPITRE III

QUESTIONS DIVERSES

§ I. — Lignes inaccessibles.

93. Problème. *Déterminer la hauteur d'un édifice du pied duquel on peut approcher.*

En un point D on place le graphomètre de manière que le limbe soit dans un plan vertical et la ligne de foi horizontale; pour cela, le fil à plomb, placé à une petite distance en avant de 90°, doit passer par le centre C et être parallèle au limbe : alors

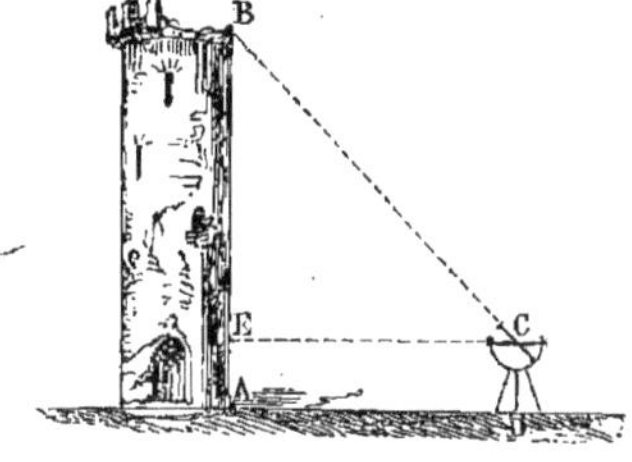

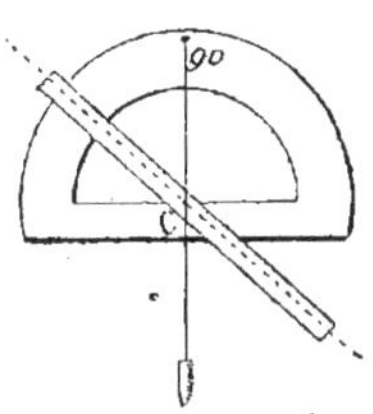

les deux conditions sont remplies. Il faut, en outre, que le plan du limbe passe par le point B, dont on veut déterminer l'élévation au-dessus du sol; l'alidade fixe détermine une horizontale CE qu'il faut mesurer avec soin. L'alidade mobile étant dirigée vers le point B, on mesure l'angle BCE; ainsi, dans le triangle rectangle BCE, on connaît un côté et un angle aigu, ce qui suffit pour déterminer BE. Pour avoir la hauteur totale, on ajoute AE.

94. Remarques. 1° La droite CE, directement mesurée, et les lignes analogues dans les questions qui suivent, se nomment *base;* autant que possible, il faut que cette base ne soit ni trop grande ni trop petite, par rapport aux grandeurs à déterminer, afin d'éviter les angles trop aigus ou trop obtus.

95. 2° Les problèmes relatifs aux lignes inaccessibles se résolvent par le calcul, et c'est le seul procédé rigoureux (Trigonométrie F. P. B., n° 63). On peut aussi recourir à une construction graphique : on dessinerait une figure semblable à la proposée au moyen des éléments directement déterminés; puis, à l'aide de l'échelle employée, on mesurerait la ligne dont on demande la longueur. Mais, quel que soit le soin apporté à cette construction, il est rare que le résultat soit satisfaisant; car *pour déterminer une inconnue, le calcul même le plus élémentaire est préférable à la construction graphique la plus parfaite.*

96. Problème. *Déterminer une hauteur dont le pied est inaccessible.*

Sur le terrain et dans un plan vertical conduit par la hauteur, on prend une base d'opération AB, puis on mesure les angles formés avec cette base par les rayons visuels dirigés vers le sommet M; ces éléments suffisent pour déterminer d'abord DM, puis ME (Trigonométrie, n° 64).

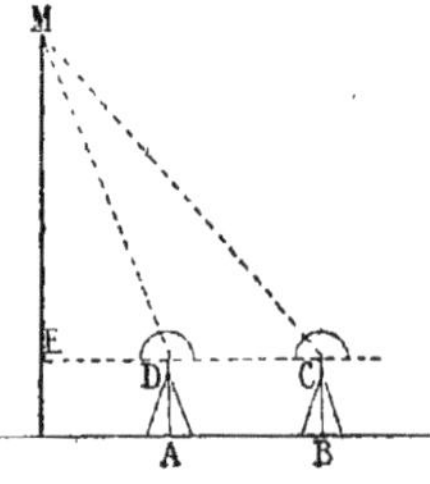

Le graphomètre est disposé comme dans le problème précédent (93). Les points C et D doivent être sur la même horizontale; mais comme il est très-difficile de réaliser cette condition avec quelque précision, on a généralement recours au procédé suivant :

97. Problème. *Mesurer la hauteur d'une montagne.*

1er *procédé.* On prend une base arbitraire AB; on mesure les angles A et B formés avec cette base par les rayons visuels dirigés vers le sommet. Pour cela, le limbe doit être dans le plan ABM, et la ligne de foi dirigée suivant AB. Dans le triangle MAB on connaît un côté et les deux angles adjacents; on en déduit AM, puis le limbe est placé verticalement au point A (93), la ligne de foi dirigée suivant l'horizontale AN, et l'alidade mobile suivant AM; on mesure l'angle NAM, ce qui permet de trouver la hauteur MN de la montagne au-dessus de l'horizontale AN (Trigonométrie, nº 65).

Remarque. Au lieu de mesurer l'angle MAN, il est souvent plus facile de mesurer son complément MAz, car le fil à plomb donne immédiatement la direction de la verticale Az.

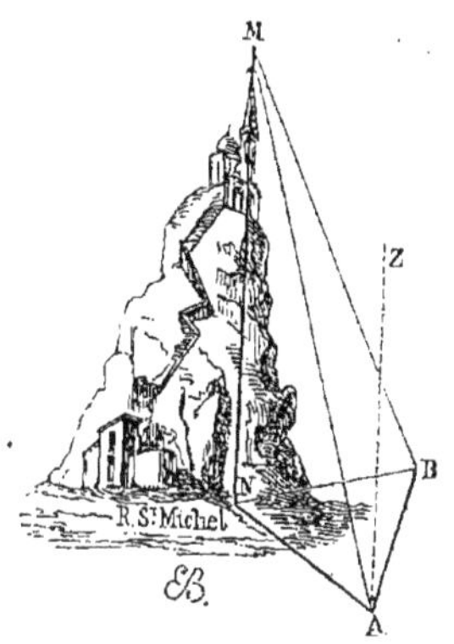

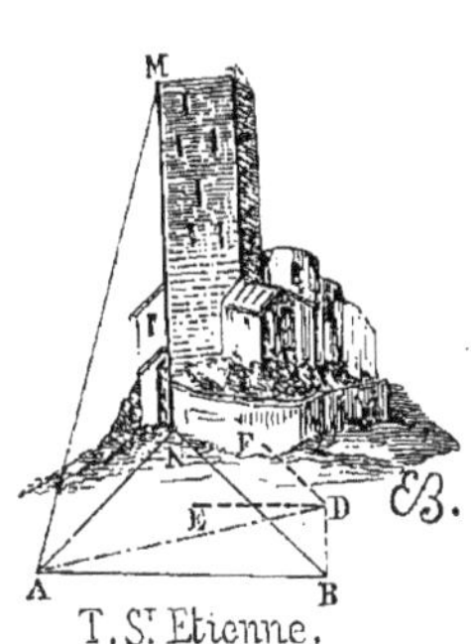

2e *procédé.* Lorsque la base AB est horizontale, on peut procéder comme il suit : le graphomètre étant disposé horizontalement au point A, et la ligne de foi suivant AB, on place l'alidade mobile de manière que le plan vertical de visée que la lunette plongeante décrit, ou celui que les pinnules déterminent passe par le sommet M; on a ainsi sur le limbe horizontal la mesure de l'angle BAN; puis, le limbe étant vertical et le diamètre suivant AN, on mesure l'angle MAN, et, se transportant en B, on mesure la base AB et l'angle ABN. On a ainsi les éléments nécessaires pour calculer successivement AN et MN.

Le théodolite des observatoires (63) est l'instrument par excellence pour les diverses mesures à effectuer; car le cercle horizontal fait connaître l'angle NAB, et le cercle vertical donne en même temps MAN.

Quand la base AD n'est pas horizontale, on procède d'une manière analogue; mais, au lieu de AD, on mesure sa projection AB et les angles NAB, EDF; DE est une horizontale située dans le plan vertical de AD, et DF une horizontale du plan vertical mené par MND.

Réciproquement. Connaissant la hauteur MN, on peut se proposer de calculer la longueur d'une ligne horizontale AB.

On mesure les angles formés par la verticale MZ, et les lignes

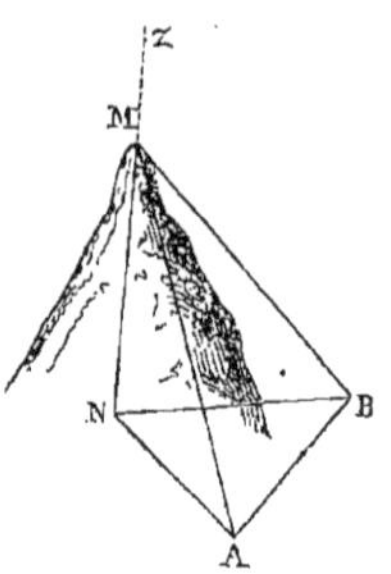

AM, MB, ce qui permet de calculer ces deux lignes, à l'aide de MN; puis on mesure l'angle AMB, et l'on résout le triangle AMB.

98. Problème. *Déterminer la distance d'un point* A *à un autre inaccessible* C.

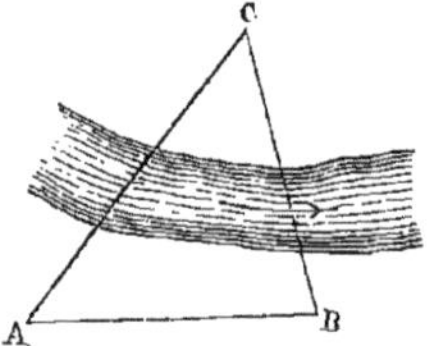

1er *procédé.* L'équerre ne donne que de médiocres résultats (nº 28, 3e moyen). D'ailleurs, l'emploi du graphomètre exige moins de temps; on mesure une base AB et les angles A et B, ce qui permet de déterminer AC (Trigonométrie, nº 66).

Parfois on indique aussi les procédés suivants :

99. 2e *procédé.* On place un jalon D sur AC; on met des jalons en des points quelconques E, F de AB; et dans l'alignement BC, on met aussi un jalon G, on mesure les trois côtés de ADE et de FBG, ce qui détermine les angles A et B (47); puis on chaîne AB, et l'on a recours à une construction graphique.

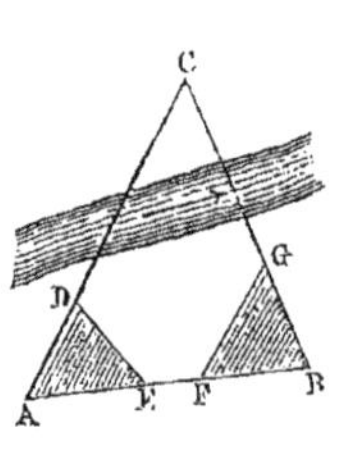

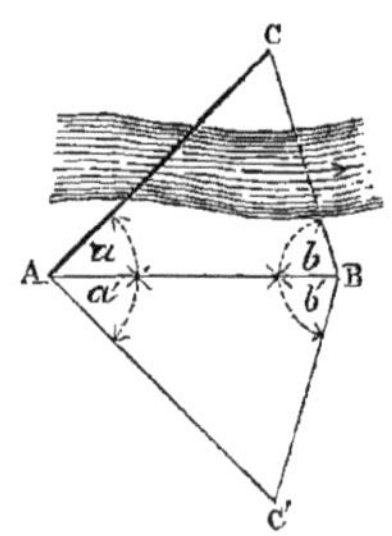

3e *procédé.* Sur le terrain, à l'aide du graphomètre, on fait l'angle a' égal à l'angle a, et b' égal à l'angle b; on cherche l'intersection C' des deux nouveaux alignements, et la longueur de AC' égale celle de AC.

Remarque. Les deux derniers procédés exigent *beaucoup plus de temps que le premier*, et ne donnent qu'une grossière approximation.

100. Problème. *Déterminer la distance de deux points inaccessibles* C *et* D.

On mesure une base AB et les angles formés aux points A et B avec cette base, par les rayons visuels dirigés vers C et D. Graphiquement ou par le calcul on peut déterminer AC et AD, puis DC (Trigonométrie, nº 67).

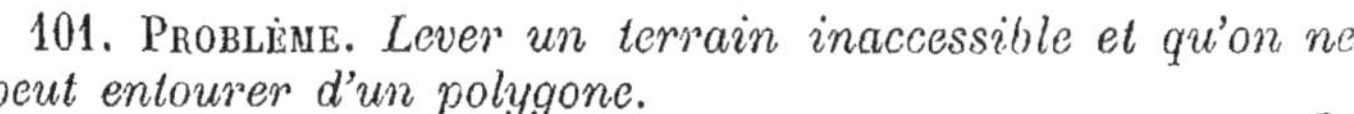

101. Problème. *Lever un terrain inaccessible et qu'on ne peut entourer d'un polygone.*

On a recours au problème précédent lorsqu'on peut trouver une base AB d'où l'on puisse apercevoir les points principaux D, C, E du terrain. Dans ce cas, il faut mesurer la base et les angles avec le plus grand soin, et recourir au calcul. Ce procédé n'est autre chose que la méthode par intersections, la base étant prise hors du polygone.

Remarque. Dans ces divers problèmes, sauf pour le premier procédé du nº 97, on ne mesure que la projection horizontale des lignes et les angles formés par ces projections horizontales (40), et l'on obtient, nº 100 par exemple, la longueur de la projection horizontale de DC; mais si, dans un cas particulier, on demandait la longueur réelle de DC lorsque les deux points D et C sont à des hauteurs différentes, au point A il faudrait placer le limbe dans le plan DAC pour mesurer l'angle DAC; puis, dans le plan DAB, pour le deuxième angle, prendre la vraie grandeur de AB, et opérer au point B comme au point A.

§ II. — Tracé des lignes.

102. Problème. *Tracer un alignement entre deux points donnés, lorsque ces points ne peuvent être vus simultanément d'aucune station intermédiaire.*

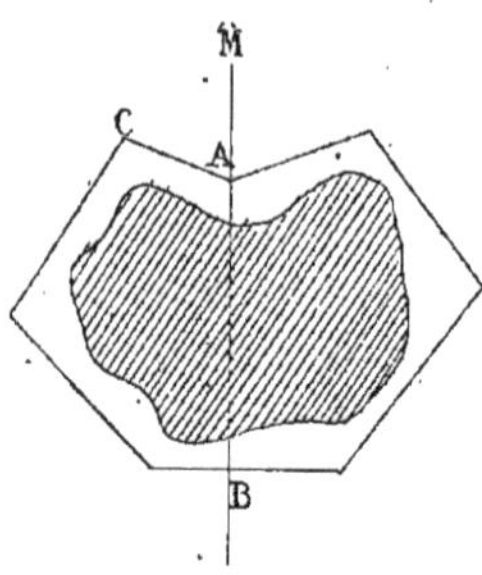

Cette question se présente fréquemment dans le partage des forêts. Il faut procéder à un levé complet, ou au moins au tracé d'une ligne polygonale ACB, qui passe par les deux points; mesurer les côtés et les angles, puis, à l'aide des formules trigonométriques, calculer l'angle CAB ; faire, sur le terrain, l'angle CAM supplément du premier, et prolonger l'alignement MA dans l'intérieur du bois, en faisant déblayer au fur et à mesure la direction donnée.

Le même problème est à résoudre lorsque les têtes A et B d'un tunnel sont imposées par les circonstances locales. Par exemple, lorsque deux vallées sont directement opposées. Dans ce cas, d'un point culminant C, il est parfois possible de voir A et B; on mesure les côtés AC, CB et l'angle C, ce qui permet de calculer l'angle A et autant d'ordonnées MN, M'N' que l'on veut, et de déterminer des points M' et N' de l'alignement.

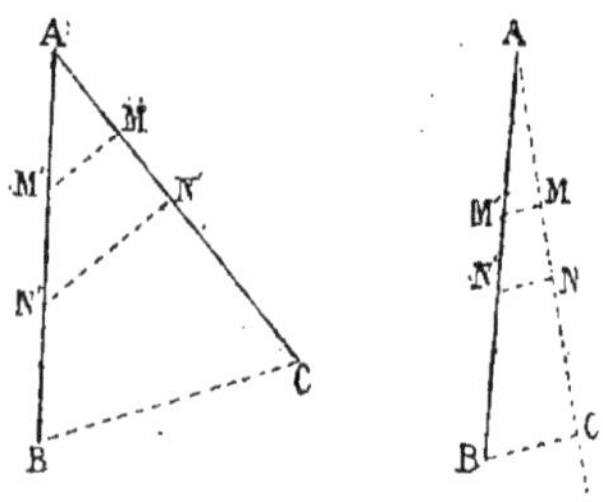

On emploie aussi le procédé suivant : on détermine un alignement AC dans la direction supposée de B, et, de ce point, on abaisse une perpendiculaire BC sur AC, ou, plus généralement, on mesure l'angle C et ses deux côtés, puis on procède comme ci-dessus.

103. Problème. *Tracer un arc de cercle connaissant trois points, sans recourir au centre* (Programme du baccalauréat ès sciences).

Soient les points A, B, C. Il faut mesurer l'angle B ; la somme

A+C est connue, puisqu'elle égale 180°—B ; puis, au point A, on fait un angle quelconque CAD, et au point C un angle ACD égal à (A+C)—CAD; le point d'intersection D appartient à l'arc, car l'angle D=B (Géom., F. P. B., n° 138).

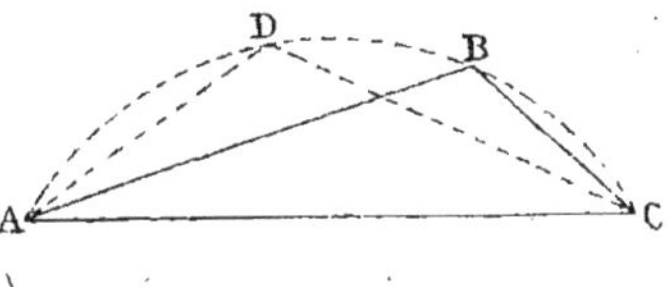

REMARQUE. Ce tracé, indiqué dans tous les ouvrages classiques, n'est, pour ainsi dire, jamais employé par les praticiens; car le point d'intersection de deux alignements est souvent difficile à déterminer avec quelque précision. D'ailleurs le problème n'est point posé comme ci-dessus, mais bien comme aux n°s 195

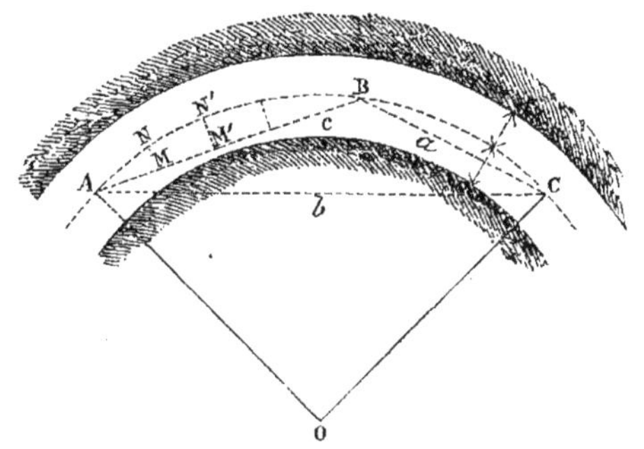

et suivants ; néanmoins on peut procéder comme il suit : on mesure les trois côtés du triangle ou l'angle B et les deux côtés adjacents; dans ce dernier cas $b^2=a^2+c^2-2bc \cos B$ (Trigonométrie F. P. B.).

Puis un théorème connu donne

$$R=\frac{abc}{4\sqrt{p(p-a)(p-b)(p-c)}} \quad \text{(Trigonométrie n° 62).}$$

ensuite on détermine les ordonnées MN, M'N' sur les cordes AB et BC.

104. PROBLÈME. *Construire un arc de cercle au moyen des ordonnées sur la corde, lorsqu'on connaît la corde* AB *et le rayon.*

Soient $AB=2a$; $CO=b=\sqrt{R^2-a^2}$, $CD=x$, $HD=y$.

En menant le diamètre MN parallèle à AB, on trouve :

$$\overline{PH}^2=MP\times PN=R^2-x^2.$$

Donc $$DH=\sqrt{R^2-x^2}-b.$$

Ainsi, à partir du milieu de la corde, on prend une longueur quelconque, CD ou x, et au point D on mène une ordonnée DH égale à $\sqrt{R^2-x^2}-b$.

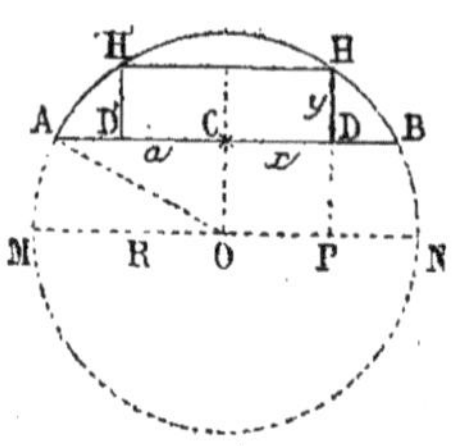

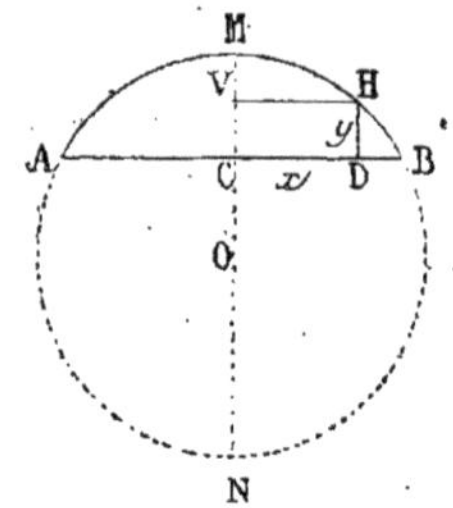

Remarque. Chaque ordonnée calculée donne deux points H et H' de la courbe. Ordinairement, on divise AB en un nombre pair de parties égales.

On peut aussi déterminer CD, connaissant DH. Projetons le point H sur le diamètre perpendiculaire au milieu de la corde. On a :

$$\overline{HV}^2 \text{ ou } x^2 = MV \times VN$$

$$x^2 = MV\ (2R - MV);$$

d'ailleurs MV égale la flèche MC moins y,

et

$$MC = R - OC = R - \sqrt{R^2 - a^2}.$$

105. Problème. *Décrire une circonférence tangente à deux droites concourantes, en des points donnés, à des distances égales du point de concours de ces lignes.*

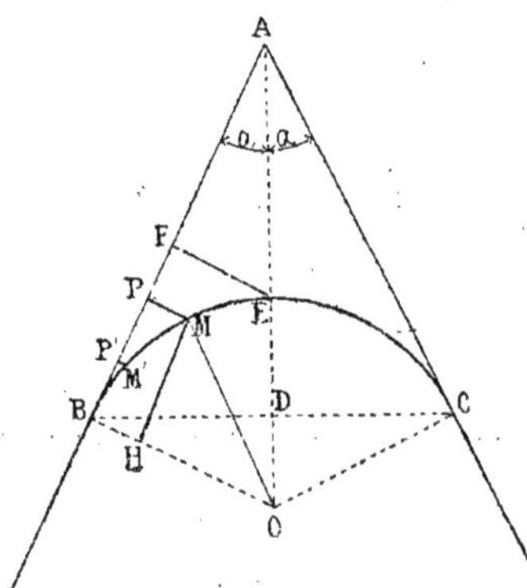

Soient $AB = AC = l$; l'angle $A = 2\alpha$. Les perpendiculaires BO, CO font connaître le centre; puis BO ou

$$R = AB \operatorname{tang} \alpha$$

ou

$$R = l \operatorname{tang} \alpha.$$

On peut aussi calculer BC, et retomber sur le problème précédent.

Ainsi $AO = \dfrac{l}{\cos\alpha}$; $BD = l \sin\alpha$; $DO = l \operatorname{tang}\alpha \sin\alpha$.

On peut donc calculer DE, et déterminer la position du milieu de l'arc; pour les autres points, on préfère *l'ordonnée sur la tangente*. Pour un point quelconque M, abaissons les perpendiculaires MH et MP; BP est l'*abscisse* ou l'x du point M, et MP en est l'*ordonnée* ou l'y (Géométrie, nº 483). Le triangle rectangle MOH donne

$$\mathrm{HO}=\sqrt{\mathrm{R}^2-\overline{\mathrm{MH}}^2} \quad \text{ou} \quad y=\mathrm{R}-\sqrt{\mathrm{R}^2-x^2}.$$

Ordinairement, on prend des longueurs égales BP′, P′P sur la tangente, et on mène les ordonnées P′M′, PM convenablement calculées.

106. Problème. *Sur la tangente à une courbe de rayon donné, déterminer une suite de points* D, E, F, *tel qu'avec des ordonnées convenablement calculées, on obtienne des points* A, B, C *qui divisent la circonférence en parties égales de longueur donnée* l.

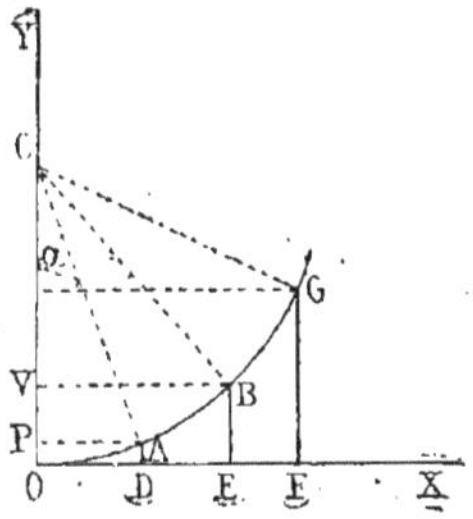

Supposons que les points A, B, G remplissent les conditions imposées: projetons-les sur le rayon CO, on a :

$$\text{Arc OA}=\text{arc AB}=l.$$

Mais généralement :

$$\text{Arc OA}=\pi\mathrm{R}.\frac{\alpha^\circ}{180^\circ}=l; \quad \text{d'où} \quad \alpha^\circ=\frac{l\times 180}{\pi\mathrm{R}}.$$

On peut donc toujours déterminer l'angle au centre OCA ou α; puis, pour la valeur de x, on a :

$$\mathrm{OD}=\mathrm{AP}=\mathrm{R}\ sin\ \alpha.$$
$$\mathrm{OE}=\mathrm{R}\ sin\ 2\alpha, \text{ etc.};$$

puis, pour les y, on a :

$\mathrm{AD}=\mathrm{OP}=\mathrm{R}-\mathrm{CP}$; $\mathrm{AD}=\mathrm{R}-\mathrm{R}\ cos\ \alpha$ ou $\mathrm{AD}=\mathrm{R}(1-cos\ \alpha)$;
de même $\mathrm{BE}=\mathrm{R}(1-cos\ 2\alpha)$; $\mathrm{GF}=\mathrm{R}(1-cos\ 3\alpha)$.

Remarque. Les valeurs de OD et AD vérifient la relation générale $y=\mathrm{R}-\sqrt{\mathrm{R}^2-x^2}$, donnée pour les ordonnées de la tangente; ainsi on a successivement :

$$\sqrt{\mathrm{R}^2-x^2}=\mathrm{R}-y; \quad \sqrt{\mathrm{R}^2-\mathrm{R}^2\ sin^2\ \alpha}=\mathrm{R}-(\mathrm{R}-\mathrm{R}\ cos\ \alpha);$$

les deux membres se réduisent à R $cos\ \alpha$.

Généralement on prend la longueur l égale à *dix* mètres. Des tables ont été calculées par les valeurs que l'on donne le plus souvent au rayon des courbes.

Ainsi, quand R=500 m., $\alpha^{o}=\frac{10\times180}{500}=3^{o}\ 36'$.

Des tables ont été aussi calculées pour les ordonnées sur la corde ou sur la tangente : elles permettent d'opérer rapidement.

§ III. — Triangulation.

107. On appelle *triangulation* une suite de triangles ayant deux à deux un côté commun, et dont on détermine les éléments en ne mesurant qu'une seule ligne.

On nomme *base* la droite mesurée directement (94), et qui permet de calculer toutes les lignes du réseau trigonométrique.

Pour *base* on fait choix d'une route rectiligne horizontale ou à pente uniforme; on la mesure avec le plus grand soin. Voici comment on a procédé lorsqu'on a déterminé la longueur de la méridienne. Sur la route de Melun à Lieusaint, on disposait des madriers dans une direction donnée; des règles de platine de deux toises étaient placées sur les pièces de bois; mais, afin d'éviter les déplacements qui auraient pu résulter de quelque choc, on ne les mettait pas exactement bout à bout; chacune d'elles portait une petite règle AB divisée, qu'on pouvait faire

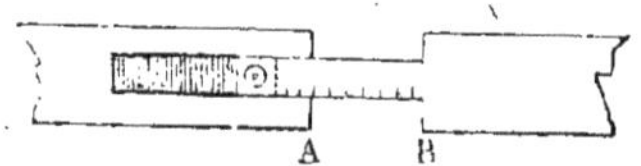

glisser dans une coulisse; un vernier permettait d'évaluer avec précision la petite distance des deux règles. On déterminait aussi l'inclinaison de chaque règle, afin de réduire à l'horizon la base mesurée.

108. Réduction a l'horizon. Pour réduire à l'horizon une

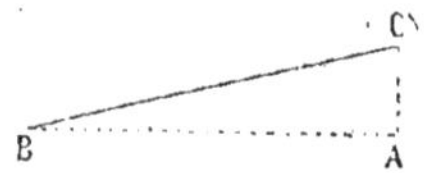

droite BC mesurée directement suivant la pente qu'elle a, il faut multiplier BC par le cosinus de l'angle B, qu'elle forme avec le plan horizontal; car si BC est une horizontale et AC une verticale, on a :

$$AB = BC \text{ cosinus } B \quad (\text{Trigon., } 43).$$

Remarque. Lorsque la pente est uniforme, on pourrait, dans le levé des plans, mesurer directement sur le sol et faire la réduction indiquée; mais les meilleurs opérateurs se bornent à tendre le décamètre horizontalement.

109. Mesure des angles. En mesurant un angle on peut commettre deux sortes d'erreurs : l'erreur de *pointé*, lorsqu'on ne vise pas exactement le point voulu, et l'erreur de *lecture*, provenant de l'inégale grandeur des divisions du limbe et de la difficulté qu'il y a d'évaluer avec précision de très-petites quantités. On atténue en grande partie l'erreur de *lecture* en mesurant plusieurs fois successivement le même angle, et prenant chaque fois pour point de départ, sur le limbe, le point d'arrivée de l'opération précédente. S'il y a 6 répétitions, on divise par 6 l'intervalle total parcouru sur le limbe; d'ailleurs, il est peu probable que l'erreur de pointé soit constamment de même sens; on l'atténue donc indirectement par la compensation qui peut ainsi s'établir.

Pour la détermination de la méridienne, on a employé le *cercle répétiteur de Borda*. Les principales parties de cet instrument sont reproduites dans le théodolite des bureaux, mais à une moindre échelle (61); nous emploierons ce dernier appareil, parce qu'il suffit dans la plupart des cas, et surtout parce qu'on peut assez facilement l'avoir sous les yeux.

1re *méthode*. Les zéros du limbe et du vernier coïncidant, on fait tourner l'*instrument* jusqu'à ce que la lunette plongeante soit dans la direction du point A; puis le limbe étant rendu immobile, et la vis de pression du disque ou de l'alidade étant desserrée, on vise le point B. OD est la mesure de l'angle; mais, sans lire cette grandeur, on rend solidaires le limbe et le disque, et on fait tourner l'instrument jusqu'à ce qu'on puisse viser de nouveau le point A avec la lunette déjà

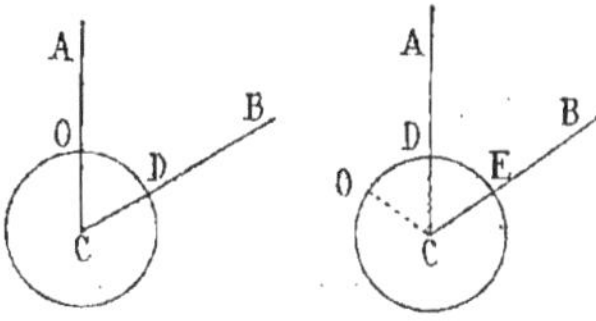

employée. On rejette ainsi le zéro de la graduation à gauche de CA; alors le limbe est encore rendu immobile, et on vise le point B. On a donc OE pour la mesure du double de l'angle; on continue à procéder ainsi.

Remarque. Ce procédé suffit lorsqu'on doit se borner au double ou au triple de l'angle, et on peut s'exercer à la répétition avec le pantomètre (54).

2me *Méthode. Emploi des deux lunettes.* Les deux zéros coïncident, et la lunette inférieure est dirigée vers le point B; on fixe alors cette lunette au bâti, et avec la lunette supérieure entraînant avec elle le limbe, on vise le point A. On fixe alors le limbe à la partie inférieure de l'instrument et on fait tourner tout le système ensemble, c'est-à-dire les deux lunettes et le limbe, de manière que la lunette inférieure soit dirigée vers le point A; on fixe alors au bâti la lunette inférieure et le limbe, et faisant mouvoir la lunette supérieure seule et la dirigeant vers le point B, l'arc décrit par le vernier sur le limbe correspond à un angle double de l'angle ACB.

Pour faire une nouvelle opération, on tourne tout le système ensemble, et on vise le point B avec la lunette inférieure; puis, fixant cette lunette au bâti, on fait mouvoir la lunette supérieure, qui doit entraîner avec elle le limbe, et on la dirige vers le point A. On fixe alors le limbe à la partie inférieure de l'instrument, et on fait tourner tout le système, de manière que la lunette inférieure soit dirigée vers le point A; si alors la lunette supérieure est rendue indépendante du limbe et qu'elle soit dirigée vers le point B, les autres parties de l'instrument demeurant fixes, le vernier indiquera sur le limbe un angle quadruple de l'angle ACB.

Une troisième opération donnerait un angle sextuple, etc. Ce dernier procédé est toujours employé dans la grande triangulation. Lorsque les points visés sont très-éloignés, on peut négliger l'erreur provenant de l'excentricité de la lunette inférieure; dans tous les cas, on peut recourir à une correction analogue à celle qui a été indiquée pour la boussole (68).

110. Choix des angles. Autant que possible il faut éviter, dans le réseau trigonométrique, d'avoir des angles trop aigus ou trop obtus; car la plus petite erreur angulaire peut en amener une considérable sur la longueur de certains côtés; les triangles

les plus favorables sont ceux qui se rapprochent du triangle équilatéral. On mesure les trois angles de chacun d'eux, et on en calcule les côtés : on a surtout à résoudre un triangle, connaissant un côté et les angles adjacents (Trigonométrie, 52); il est utile de se réserver la possibilité de faire une vérification de temps à autre, soit en mesurant une base auxiliaire à l'extrémité du réseau, soit en déterminant une même ligne, au moyen de deux groupes différents de triangles.

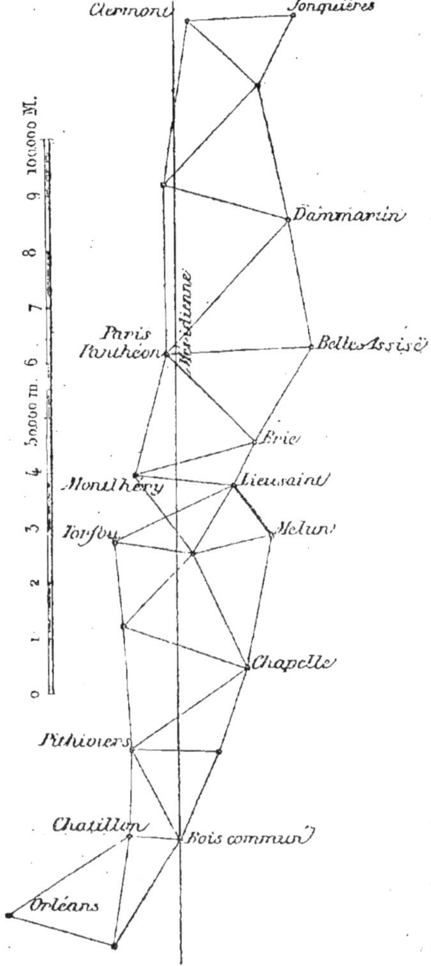

Choix des sommets. Pour dresser la carte de France, on a formé un premier réseau dont les lignes ont de 20 à 60 kilomètres. Pour sommets, on a fait choix de clochers, de tours, etc., qu'on pouvait apercevoir de très-loin; il en est de même, toutes proportions gardées, pour une triangulation quelconque. Il est souvent impossible de placer le cercle répétiteur sur la verticale du point de visée; on doit alors le mettre à proximité, mais il faut corriger l'erreur qui résulte du déplacement dans la mesure des angles.

111. Réduction des angles au centre des stations (*Pro-*

gramme du cours de mathématiques spéciales). Soient le triangle ABC et O la position de l'instrument; il faut calculer l'angle α connaissant ω, ou plutôt connaissant β et γ, dont la différence ou la somme $=\omega$. On mesure directement la distance AO ou d, toujours très-petite par rapport aux côtés du triangle; b et c peuvent être connus, car souvent ils appartiennent à des triangles déjà calculés. Dans tous les cas, on peut les déterminer par une construction graphique, connaissant BC et les angles adjacents, ou même les calculer en employant ω au lieu de α; les valeurs approximatives suffisent à cause de la très-faible valeur du terme de correction. Les triangles **AEB**, OEC (1re fig.), ayant un angle opposé par le sommet, fournissent la relation

$$\alpha + \text{ABO} = \omega + \text{ACO};$$

d'où

$$\alpha = \omega + \text{ACO} - \text{ABO}.$$

Il faut calculer les deux derniers angles.

Le triangle ACO donne $\frac{\sin \text{ACO}}{\sin \beta} = \frac{d}{b}$;

d'où

$$\sin \text{ACO} = \frac{d}{b} \sin \beta.$$

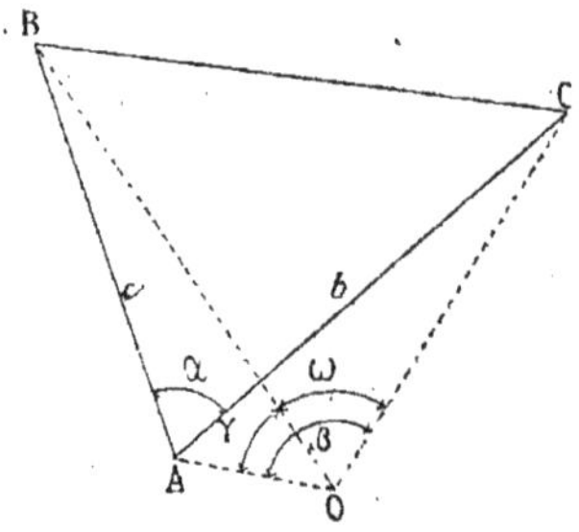

(La lettre E se trouve à l'intersection de AC et de BO ; et Ao = d).

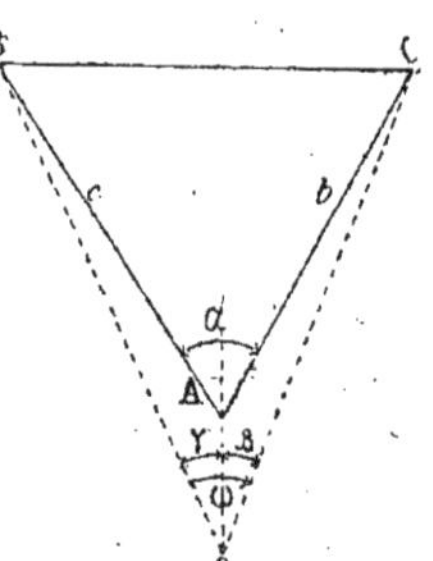

Le triangle ABO donne $\frac{\sin \text{ABO}}{\sin \gamma} = \frac{d}{c}$;

d'où

$$\sin \text{ABO} = \frac{d}{c} \sin \gamma.$$

On a donc

$$\alpha = \omega + \text{arc } \sin \left[\frac{d}{b} \sin \beta\right] - \text{arc } \sin \left[\frac{d}{c} \sin \gamma.\right]$$

La formule se simplifie lorsque O est sur l'un des côtés de

l'angle α; de plus, elle est générale. Mais il faut avoir égard à la position du point O; ainsi (2e figure) :

$$\alpha = \omega + ACO + ABO.$$

Remarque. La réduction au centre de la station utilise parfois le problème 70 de la Trigonométrie.

112. Coordonnées. Pour reproduire sur le papier un réseau trigonométrique de moyenne étendue, on a recours aux coordonnées rectangulaires (90). Pour les levés étendus, tels que celui de la France, la position des sommets est indiquée en fonction de la latitude et de la longitude.

CHAPITRE IV

PARTAGE DES TERRAINS

---

§ I. — Arpentage des terrains dessinés.

113. Lorsque le *report* du plan est effectué, on peut arpenter le terrain en décomposant le dessin obtenu en triangles, trapèzes-rectangles, etc. On procède ainsi pour évaluer les parcelles à exproprier pour l'établissement des chemins de fer. Sur le plan parcellaire on marque les bornes C, D, E, et chacune d'elles est

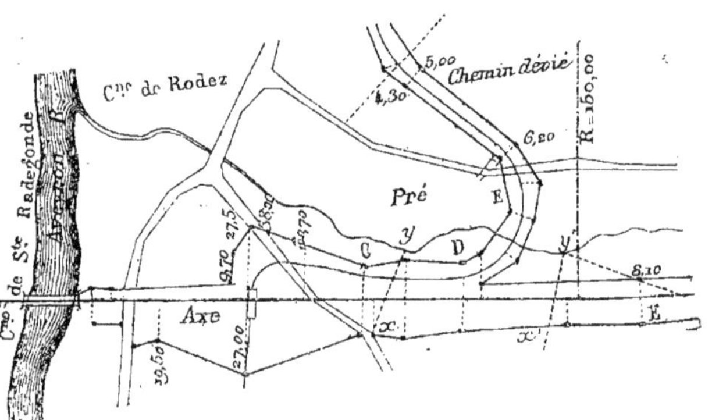

rattachée à l'axe par une ordonnée; quand la voie est courbe, c'est une normale. Puis, xy, $x'y'$ étant les limites des propriétés, on évalue l'aire comprise entre ces deux lignes et les droites qui joignent les bornes. Outre les plans parcellaires, certains cas exceptionnels exigent qu'on arpente d'après le dessin; c'est ce qui a lieu pour l'aménagement des forêts. On fait le levé du terrain occupé par la plantation, soit au moyen de la méthode par cheminement, soit en l'entourant d'un réseau trigonométrique; mais, d'une manière générale, il faut évaluer la superficie, en n'employant que les grandeurs directement mesurées sur le sol, ou celles qu'on en déduit par le calcul, et non celles que l'on pourrait prendre sur le plan cadastral déposé aux mairies, car souvent ces plans manquent d'exactitude.

114. La *méthode par alignement* (44) ne donne que des triangles et des trapèzes rectangles, comme dans l'arpentage proprement dit (1re partie).

La *méthode par rayonnement* décompose le terrain en triangles; pour chacun d'eux, l'aire s'obtient en multipliant le demi-produit des côtés mesurés par le sinus de l'angle qu'ils comprennent (Trigon., 59).

Soient x et y les diagonales d'un quadrilatère, O l'angle qu'elles forment.

$$\text{Surface } = \frac{xy \sin O}{2} \quad \text{(Trigon., 68).}$$

115. La *méthode par intersections* (46) est moins avantageuse que la précédente. Il faut calculer tous les rayons issus

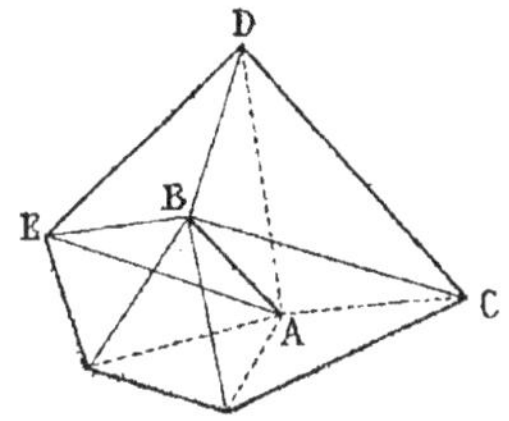

d'un même point; connaissant les angles ABD, BAD, et la base AB, on calcule DB (Trigon., 52); puis on opère comme au n° 114.

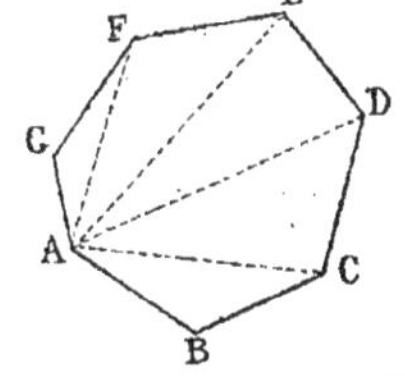

116. La *méthode par cheminement* (47) exige des calculs assez laborieux; on obtient directement ABC et AGF, puisqu'on connaît deux côtés et l'angle compris. Mais il faut résoudre complétement chaque triangle, afin de déterminer AC et l'angle BCA (Trigon., 55); puis on retranche l'angle ACB de l'angle C du

polygone, et dans le triangle DCA on connaît deux côtés et l'angle compris; ainsi de suite pour les autres triangles. Enfin, suivant les cas, on peut aussi utiliser les formules n° 60 et n° 61 de la Trigonométrie.

117. Emploi des tables. Dans la triangulation, et généralement lorsque la mesure des angles peut être obtenue à quelques secondes près, il faut *nécessairement* recourir aux grandes tables de logarithmes; mais dans tous les autres cas de levé des plans, les tables à cinq décimales *peuvent suffire*. En effet, avec le ruban d'acier (7), le personnel du tracé des chemins de fer, généralement très-exercé, mesure les lignes à 0,0001 près, quoique la tolérance puisse aller jusqu'à 0,0002 (n° 21). Prenons la moyenne 0,00015. En nous plaçant dans le cas le plus avantageux (n° 110), supposons qu'on ait un triangle équilatéral de 10000 mètres de côté; si l'on ignore la forme réelle de la surface, la mesure directe de AB peut donner 10001,5, tandis que AC=10000 m.; et l'on trouve qu'au lieu de 60°, l'angle B=59° 59′ 6″,45; soit une erreur de 53″ 55, à peu près 1 minute. Un deuxième opérateur peut donner à AB une longueur de 9998,5, et trouver que l'angle B doit égaler environ 60° 1′. L'erreur en plus ou en moins peut même être plus grande, si l'on doit mesurer deux côtés. Aussi, toutes les fois que les lignes du terrain n'ont pas été mesurées avec les soins minutieux et les *précautions sans nombre* que l'on prend pour la base d'une triangulation (n° 107), on n'obtient les angles qu'à 1 ou 2 minutes près; réciproquement, si la mesure des angles est faite à 1 minute près, l'erreur pourra atteindre quelques dix millièmes de la ligne calculée. Ainsi les petites tables, qui dans tous les cas donnent les angles à quelques secondes près, et les longueurs avec cinq chiffres exacts, sont suffisantes.

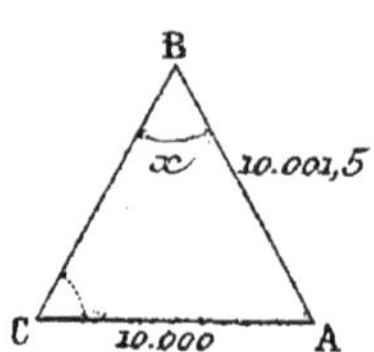

§ II. — Principes généraux et méthodes.

118. La division du sol est favorable à la culture, mais à la condition que cette division ne sera point poussée à l'excès. Depuis trois quarts de siècle, à proximité des villes surtout, le sol est parfois morcelé au point que, pousser la division plus loin est très-nuisible à l'agriculture. Non-seulement toute amé-

lioration générale est rendue impossible, parce qu'il faudrait établir une véritable entente entre un grand nombre de propriétaires, mais encore ces lots multipliés font naître la mésintelligence entre les co-partageants, à cause des servitudes telles que droit de passage, prise d'eau, etc., dont certaines parcelles sont nécessairement grevées. C'est pourquoi, dans le partage d'une grande propriété entre deux ou trois ayants droit, etc., il faut constituer, autant que possible, des lots formant un tout complet, indépendants les uns des autres, et établir au besoin certaines compensations pécuniaires; enfin, ne recourir que très-rarement à la division des parcelles. Il faut aussi se rappeler que l'étendue à donner à chaque lot est en raison inverse de la valeur du sol.

Dans la division d'un champ, on doit éviter les parcelles à angles trop aigus, et celles dont les dimensions principales ont des longueurs très-différentes. Il faut préférer le trapèze ou même le quadrilatère quelconque au triangle; lorsqu'il y a un chemin, un puits, il faut que les copartageants puissent en jouir avec la même facilité.

119. Pour tous les problèmes relatifs à la division des champs, on peut recourir au calcul ou à la méthode graphique.

1° *Méthode numérique.* D'après les grandeurs mesurées sur le terrain, on calcule la surface totale; la valeur trouvée est divisée en parties égales ou proportionnelles à des nombres donnés, et on sépare directement sur le terrain une superficie égale à l'aire donnée par le calcul.

2° *Méthode graphique.* Le plan étant dessiné, on le divise au moyen de la règle et du compas, en utilisant les principes établis en géométrie; on s'appuie principalement sur les théorèmes suivants : les triangles qui ont même base et même hauteur sont équivalents; les triangles qui ont même hauteur sont entre eux comme leurs bases, etc. La division étant effectuée sur le papier, on mesure à l'échelle du plan les lignes obtenues, afin d'en faire le report sur le terrain.

Remarque. Pour *aménager* une forêt, c'est-à-dire indiquer les coupes à faire annuellement, et dans quelques autres cas, il faut employer la méthode graphique; mais généralement il est préférable de recourir au calcul.

120. Choix des grandeurs a reporter. Quelle que soit la méthode employée, il est surtout important de faire un choix judi-

cieux des grandeurs que l'on doit rapporter sur le terrain, d'après le plus ou moins de facilité des opérations qu'il faudra faire; ainsi, pour un triangle CAE, lorsque la droite NM de division est perpendiculaire à AE, il suffit de mesurer EM, parce que sur le terrain on élève facilement une perpendiculaire. Mais si BD doit être parallèle à AE, il est préférable de mesurer ou mieux de calculer les deux grandeurs CB et CD, que de se borner à une seule d'entre elles, et d'avoir une parallèle à mener sur le terrain lorsque CA n'est point perpendiculaire à AE; à plus forte raison, il est plus utile de calculer CB que DB; car avec cette dernière ligne il faut prendre EO = DB, mener OB parallèle à CE, et BD parallèle à AE.

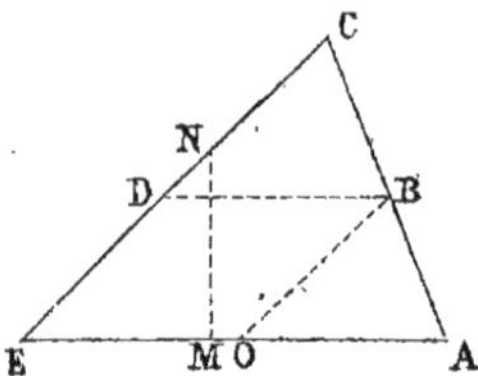

§ III. — La droite de division doit passer par un point donné.

121. Problème. *Par le sommet d'un triangle mener une droite qui le divise en deux parties équivalentes ou en deux parties qui soient entre elles dans le rapport* $\frac{m}{n}$.

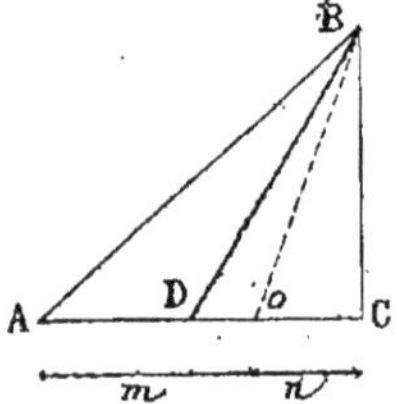

Dans le 1er cas, il suffit de joindre le sommet au milieu de la base; et dans le second, il faut diviser la base en deux parties qui soient entre elles dans le rapport donné $\frac{m}{n}$, et joindre le sommet au point de division.

122. Problème. *Par le sommet* A *d'un quadrilatère* ABCD, *mener une droite qui divise cette figure en deux parties équivalentes, ou dans le rapport* $\frac{m}{n}$.

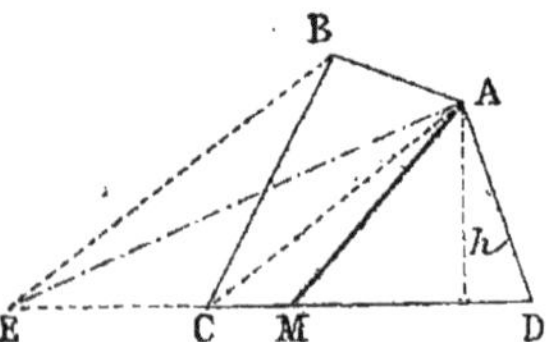

1° *Graphiquement.* On transforme le quadrilatère ABCD en un triangle AED équivalent (Géom., n° 274), puis on joint le sommet A au point M, milieu de DE.

2° *Numériquement.* Il faut connaître l'aire du quadrilatère et une des données suivantes : la hauteur h ou l'angle D et le côté AD; soit S l'aire totale, on a :

1° *connaissant* h :

$$\frac{DM \times h}{2} = \frac{S}{2} \quad \text{d'où} \quad DM = \frac{S}{h};$$

2° *connaissant l'angle et le côté;*

$$\frac{DM \times AD \times \sin D}{2} = \frac{S}{2}; \quad \text{d'où} \quad DM = \frac{S}{AD \times \sin D}.$$

Pour un rapport donné $\frac{m}{n}$, on aurait : $\frac{AMD}{ABCM} = \frac{m}{n}$;

d'où
$$\frac{AMD}{ABCD} = \frac{m}{m+n}$$

ou
$$\frac{\frac{1}{2} MD \times h}{S} = \frac{m}{m+n}; \quad MD = \frac{2mS}{(m+n)h}.$$

123. Problème. *Par un point* M *du périmètre d'un triangle, mener une droite qui divise la surface en deux parties équivalentes.*

1° *Graphiquement.* On mène MC; par le milieu D de la base, on mène une parallèle DN à MC et on joint MN; le triangle

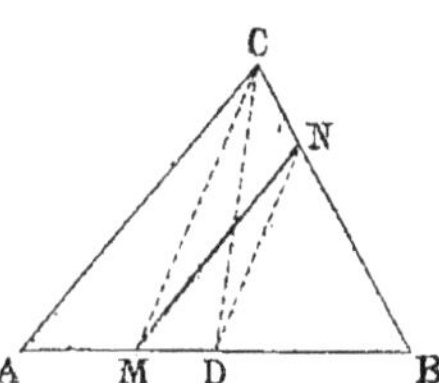

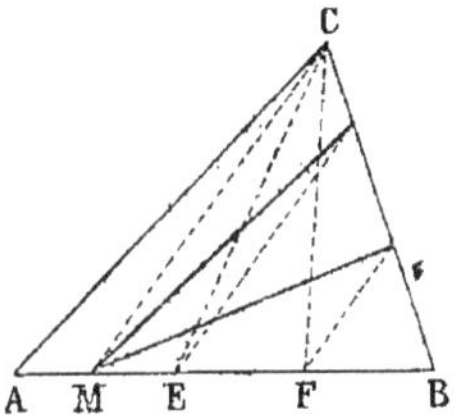

MNB est équivalent au quadrilatère AMNC; en effet, ADC = CDB; ou $CDB = \frac{ABC}{2}$; mais MND = DCN; donc MNB = DCB, ou $MNB = \frac{ABC}{2}$.

Pour le diviser en trois parties équivalentes, on opère d'une manière analogue, en divisant AB en trois parties égales aux points E, F, et en menant par E, F des parallèles à MC.

Pour le diviser dans un rapport donné $\frac{m}{n}$, on divise la base dans ce même rapport, soit un point D, tel qu'on ait $\frac{AD}{DB}=\frac{m}{n}$; on opère comme précédemment.

124. 2° *Numériquement.* Si MN est la ligne de division, comme les triangles MNB, ACB ont un angle commun, on peut écrire :

$$\frac{BN.BM}{AB.BC}=\frac{MBN}{ABC}=\frac{1}{2}, \quad \text{donc} \quad BN=\frac{AB.BC}{2BM}.$$

Ce calcul très-élémentaire est préférable à tout autre procédé.

Lorsque les deux parties doivent être dans le rapport $\frac{m}{n}$

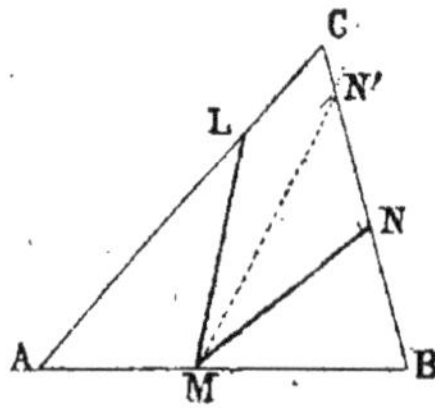

on trouve $BN=\frac{m}{m+n}\times\frac{AB.BC}{BM}$.

Pour trois parties proportionnelles à m, n, p, on écrirait :

$$BN=\frac{m}{m+n+p}\times\frac{AB.BC}{BM};$$

$$\text{puis } BN'=\frac{m+n}{m+n+p}\times\frac{AB.BC}{BM};$$

et si la valeur trouvée pour BN' est $>$BC, c'est une preuve que la deuxième ligne de division doit rencontrer AC; alors cherchant la partie qui correspond à p, on a :

$$AL=\frac{p}{m+n+p}\times\frac{AB.AC}{AM}.$$

125. Problème. *Par un point* M *du périmètre d'un quadrilatère* ABCD, *mener une droite qui divise la surface en deux parties équivalentes.*

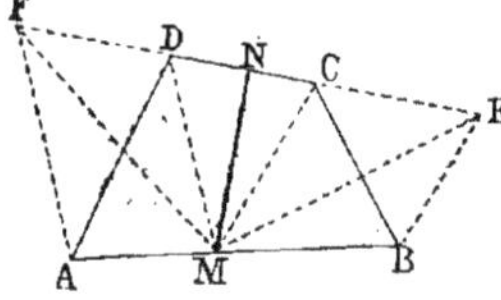

1° *Graphiquement.* Menons MC et MD, puis BE parallèle à MC et AF parallèle à MD; joignons M au milieu de FE; MN divise le quadrilatère en deux parties équivalentes, car le triangle FME est équivalent au quadrilatère.

2° *Numériquement.* Calculons l'aire du quadrilatère et celle de MBC; retranchons cette dernière valeur de la moitié de l'aire du quadrilatère.

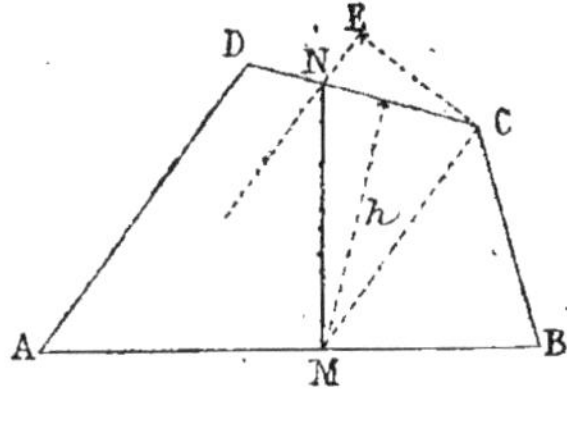

Supposons le problème résolu : soit MN la ligne demandée, calculons NC.

On a :

$$NMC = \frac{S}{2} - MCB = \frac{S - 2MCB}{2};$$

Si on connaît h, on a :

$$\frac{NC \times h}{2} = \frac{S - 2MCB}{2},$$

d'où

$$NC = \frac{S - 2MCB}{h}.$$

Lorsque MC et l'angle MCD sont connus, on a :

$$NC = \frac{S - 2MCB}{MC \ sinus \ MCN}.$$

Dans le cas où MC est la seule valeur connue, on détermine la hauteur CE telle que la surface $NCM = \frac{S - 2MCB}{2}$. (Voir le n° suivant.)

126. Problème. *Par un point donné* M, *sur le périmètre d'une figure plane, mener une droite qui divise cette surface en deux parties qui soient entre elles dans un rapport donné* $\frac{m}{n}$.

Par le point M menons une droite ML qui divise approximativement la surface dans le rapport voulu, par exemple $\frac{2}{3}$; arpentons le terrain en prenant ML pour directrice, et soient la surface G = 585^{mq}, D = 320^{mq} et ML = 25 mètres.

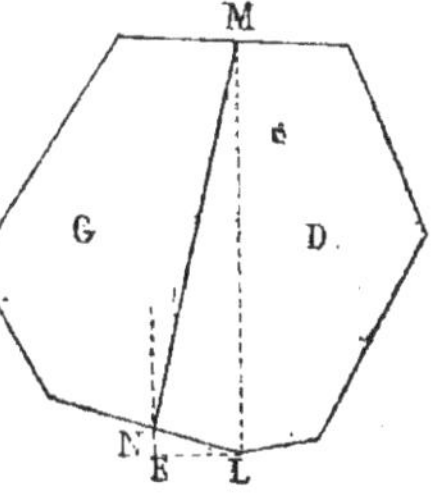

Surface totale = 585 + 320 = 905^{mq}; il faut partager cette valeur en parties proportionnelles à m et n, on a pour surfaces partielles : $905 \times \frac{m}{m+n}$ et $905 \times \frac{n}{m+n}$; dans l'exemple choisi, les deux parties sont : $905 \times \frac{2}{5} = 362$; et $905 \times \frac{3}{5} = 543$.

D devrait égaler 362, tandis qu'il n'égale que 320; il y a donc 42^{mq} à ajouter à la partie de droite au moyen d'un triangle qui doit avoir ML pour base; donc, en divisant 42 par 25, nous aurons la moitié de la hauteur $\frac{42}{25}=1,68$; hauteur $=3$ mètres 36. Élevons la perpendiculaire LE égale à 3,36, menons une parallèle à la base, et MN sera la ligne de division.

127. Problème. *Diviser un triangle en trois parties proportionnelles à des nombres donnés* m, n, p, *de manière que chaque division ait pour base un des côtés du triangle primitif.*

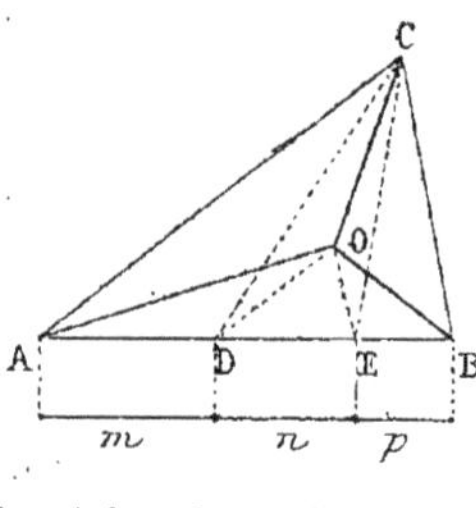

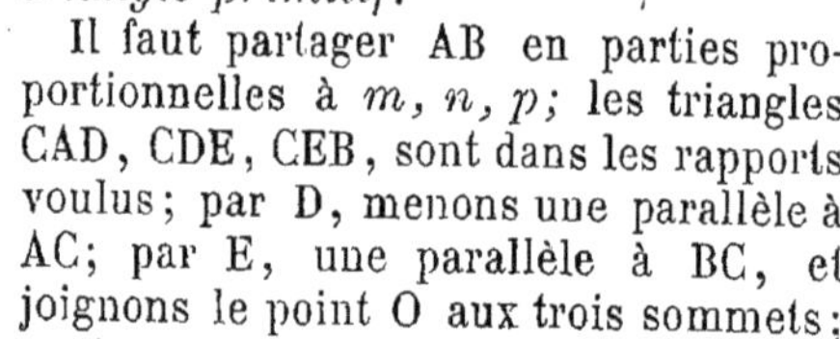

Il faut partager AB en parties proportionnelles à *m, n, p;* les triangles CAD, CDE, CEB, sont dans les rapports voulus; par D, menons une parallèle à AC; par E, une parallèle à BC, et joignons le point O aux trois sommets; les triangles CAO, CAD sont équivalents, de même COB$=$CEB, donc le reste AOB$=$CDE.

128. Problème. *Diviser une propriété en parties équivalentes ou proportionnelles à des nombres donnés par des droites issues d'un point intérieur* M; *une des lignes de division* MB *est donnée ou on la prend arbitrairement.*

Il faut avant tout arpenter le terrain, calculer la contenance que doit avoir chaque parcelle. Soit S la contenance de l'une d'elles; menons ML (126), calculons MBL. Soit MBL$<$S; divisons la différence par $\frac{ML}{2}$, nous aurons la hauteur du triangle à ajouter, soit MA la ligne obtenue lorsque le périmètre est sinueux, MAL est plus grand ou plus petit que S$-$MBL; supposons LMA$<$S$-$MBL; en divisant la nouvelle

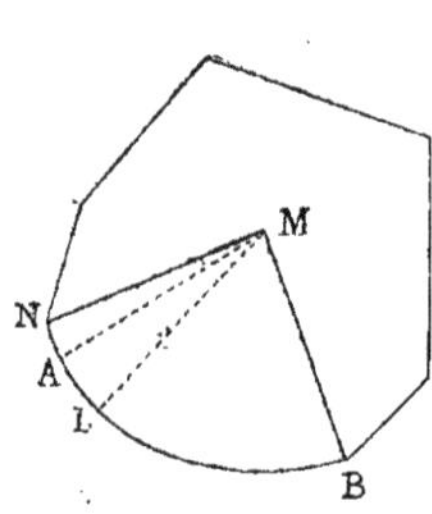

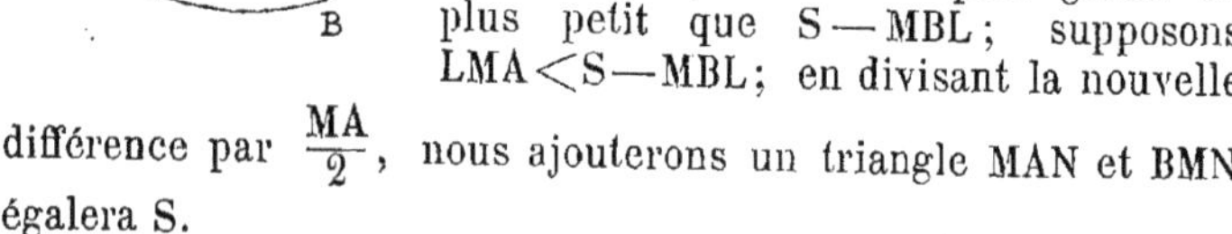

différence par $\frac{MA}{2}$, nous ajouterons un triangle MAN et BMN égalera S.

Deux opérations donnent presque toujours une approximation suffisante.

129. Problème. *Par un point* D *pris dans l'intérieur d'un triangle, mener une droite* MN *qui divise la surface dans un rapport donné* $\frac{m}{n}$.

Supposons le problème résolu, menons DG parallèle à CA et les perpendiculaires NE, DF; soient $AG=d$; $DF=h$ et posons $AM=x$.

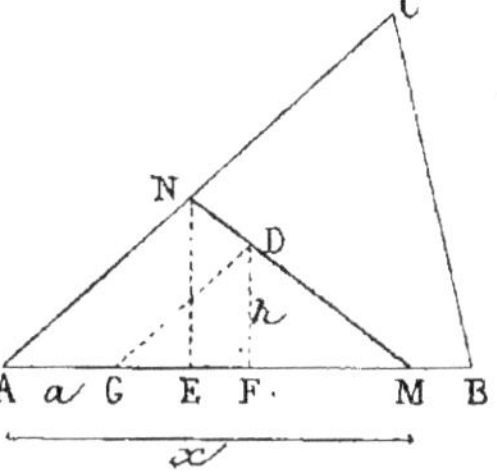

On doit avoir : $\frac{ANM}{NMBC}=\frac{m}{n}$;

d'où $\frac{ANM}{ABC}=\frac{m}{m+n}$

$ANM=ACB\times\frac{m}{m+n}$; et puisque ACB est donné, on détermine la surface du triangle ANM; dans le cas particulier où les deux parties doivent être équivalentes, on n'a plus que $ANM=\frac{ACB}{2}$. Soit a^2 l'aire toujours connue de AMN.

Les triangles semblables GDM, ANM donnent : $\frac{GM}{AM}=\frac{DF}{NE}$; $\frac{x-d}{x}=\frac{h}{NE}$; d'où $NE=\frac{hx}{x-d}$; mais $\frac{AM\times NE}{2}=a^2$ ou $x\times NE=2a^2$; donc en remplaçant NE par sa valeur, on a : $\frac{hx^2}{x-d}=2a^2$; $hx^2=2a^2x-2a^2d$; $hx^2-2a^2x+2a^2d=0$; d'où $x=\frac{a^2\pm a\sqrt{a^2-2dh}}{h}$ (*Algèbre*, F. P. B.). Il y a deux solutions, une seule, ou aucune, suivant les valeurs relatives de a^2 et de $2dh$.

130. Problème. *Par un point donné* D *pris dans l'intérieur d'un polygone* BCEFGH, *mener une droite qui divise la surface donnée dans le rapport* $\frac{m}{n}$.

Prolongeons deux côtés jusqu'à leur point de concours A; connaissant l'aire du polygone, nous pouvons, d'après le rapport $\frac{m}{n}$, calculer celle de la partie HD, puis y ajouter l'aire calculée ou mesurée de ABHG. Soit a^2 cette somme, le problème est ramené au précédent. Par le point D, il faut mener la droite MN telle que l'aire de $AMN = a^2$.

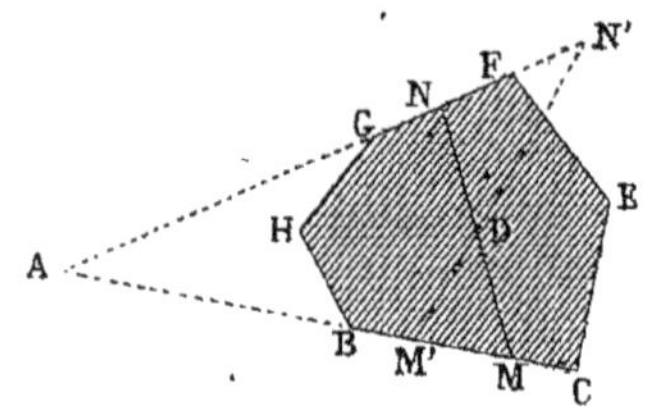

Suivant qu'on prolonge tels ou tels côtés, il y a diverses solutions; on n'accepte que celles dont la ligne MN rencontre les deux côtés prolongés sans sortir du polygone, ainsi il faudrait rejeter la solution M'N'.

§ IV. — La droite de division doit être parallèle à une droite donnée.

131. Problème. *Par une parallèle à la base d'un triangle, diviser ce triangle en deux parties équivalentes, ou en deux parties qui soient entre elles dans un rapport donné* $\frac{m}{n}$.

1° *Graphiquement.* Sur AB comme diamètre, décrivons une demi-circonférence; élevons DE perpendiculaire sur le milieu de AB; du point B avec le rayon BE, coupons AB au point M, et menons la parallèle MN; on a $BMN = \frac{ABC}{2}$ (*Géométrie*, F. P. B., 287).

Pour un rapport $\frac{m}{n}$, on divise AB dans le rapport donné et on opère comme précédemment.

2° *Numériquement.* On doit avoir $\frac{BMN}{ACMN} = \frac{m}{n}$; d'où $\frac{BMN}{ABC} = \frac{m}{m+n}$; mais $\frac{BMN}{ABC} = \frac{\overline{BM}^2}{\overline{AB}^2}$, donc $\frac{\overline{BM}^2}{\overline{AB}^2} = \frac{m}{m+n}$;

$\overline{BM}^2 = \frac{m}{m+n} \times \overline{AB}^2$; $BM = AB\sqrt{\frac{m}{m+n}}$. Ainsi si l'on avait à diviser le triangle en deux parties équivalentes, $\sqrt{\frac{m}{m+n}}$ égalerait $\sqrt{\frac{1}{2}} = \frac{\sqrt{2}}{2}$, c'est-à-dire qu'il faudrait multiplier la moitié de AB par $\sqrt{2}$.

132. Problème. *Diviser un triangle en deux parties équivalentes par une perpendiculaire à la base.*

Soit MN la ligne de division; et DA ligne connue $= d$. Nous aurons $AN \times MN = \frac{bh}{2}$ et d'ailleurs $\frac{AN}{MN} = \frac{d}{h}$. En multipliant les deux égalités membre à membre, on trouve : $\overline{AN}^2 = \frac{bd}{2}$, c'est une moyenne proportionnelle entre d et $\frac{b}{2}$. S'il fallait déterminer un triangle qui fût au triangle total dans le rapport $\frac{m}{n}$, les égalités seraient :

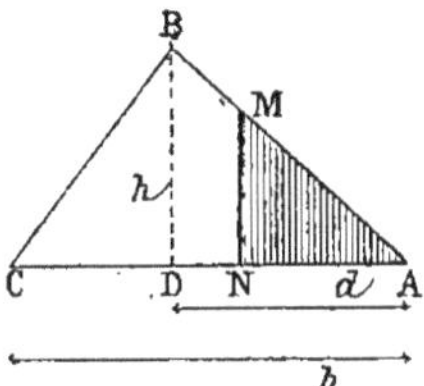

$$AN \times NM = \frac{m}{n} \times bh \quad \text{et} \quad \frac{AN}{MN} = \frac{d}{h}; \quad \text{d'où} \quad \overline{AN}^2 = bd \times \frac{m}{n}.$$

Ce problème n'est qu'un cas particulier du suivant :

Diviser un triangle BDE *en deux parties équivalentes par une droite parallèle à une ligne donnée* LO.

On peut déterminer un triangle BAC équivalent à BDE et dont le côté AC soit parallèle à LO. En effet, si $ABC = BDE$, on a $AB.BC = BD.BE$, puis $\frac{AB}{BC} = \frac{BO}{BL}$; multiplions membre à membre, on a :

$$\overline{AB}^2 = \frac{BD.BE.BO}{BL},$$

ce qui fait connaître AB, et l'on est ramené au n° 131.

133. **Problème.** *Diviser un trapèze en deux parties équivalentes par une parallèle aux bases.*

1° *Graphiquement.* Prolongeons les côtés non parallèles, décrivons la demi-circonférence AB, avec le rayon AD décrivons l'arc DF, abaissons la perpendiculaire FG, puis, H étant le milieu de GB, élevons la perpendiculaire HL, du centre A avec le rayon AL, décrivons l'arc LM, et la parallèle MN sera la ligne demandée.

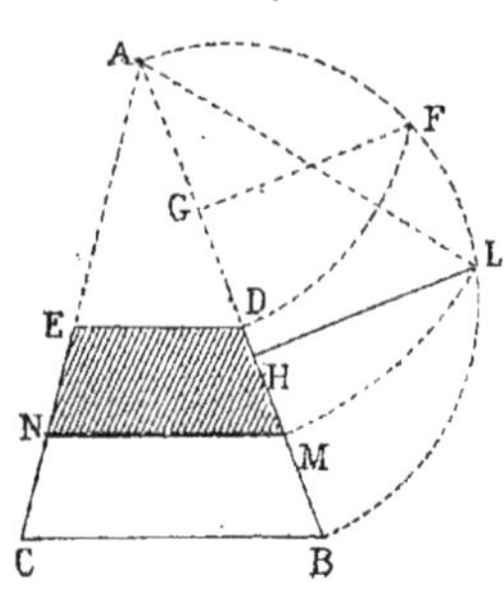

On diviserait GB en 3 parties égales s'il fallait 3 grandeurs équivalentes, et plus généralement dans le rapport $\frac{m}{n}$ pour avoir 2 surfaces dans ce rapport. Dans tous les cas on s'appuie sur le théorème connu, les triangles semblables sont entre eux comme les carrés des côtés homologues.

On a (*Géométrie*, F. P. B., 270) :

$$\frac{AED}{\overline{AD}^2 \text{ ou } \overline{AF}^2} = \frac{AMN}{\overline{AM}^2 \text{ ou } \overline{AL}^2} = \frac{ABC}{\overline{AB}^2}.$$

D'où on déduit :

$$\frac{AED}{AG} = \frac{AMN}{AH} = \frac{ABC}{AB}; \quad \text{puis} \quad \frac{AED}{AG} = \frac{DMEN}{GH} = \frac{MBNC}{HB}, \quad \text{etc.}$$

134. 2° *Numériquement.* Dans les applications, il est utile d'opérer sur la hauteur, puisqu'il faut obtenir diverses aires. Soient A et a les hauteurs des triangles formés par les prolongements des côtés du trapèze, h la hauteur de ce dernier, b et B ses bases. Il faut calculer A et a, connaissant B, b et h.

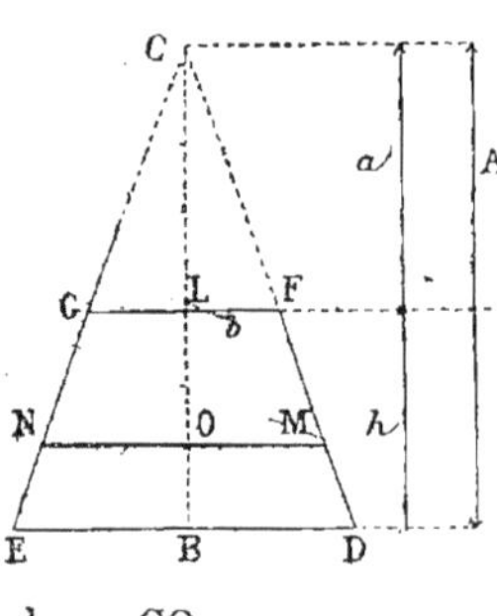

Or on a : $\frac{B}{b} = \frac{A}{a}$, $\frac{B-b}{b} = \frac{A-a}{a}$; mais $A-a=h$; donc $a = \frac{bh}{B-b}$; de même $A = \frac{Bh}{B-b}$. On peut donc regarder comme connues les surfaces des triangles CED et CGF; à CGF ajoutons la moitié de l'aire du trapèze (ou la partie qui correspond au rapport donné); puis calculons CO.

Or $\frac{\overline{CO}^2}{a^2}=\frac{CMN}{CFG}$, $\overline{CO}^2=\frac{a^2\times CMN}{CFG}$ et CO diminué de a donne OL; puis une simple proportion fait connaître GN et FM.

On aurait aussi : $\overline{CO}^2=\frac{A^2\times CMN}{CDE}$.

Exemple : Soient $B=20^m$; $b=15^m$; $h=12^m$.

$a=\frac{bh}{B-b}=\frac{15\times12}{20-15}=36^m$; aire de $CGF=\frac{36\times15}{2}=270^{mq}$.

Trapèze $=\frac{20+15}{2}\times12=210^{mq}$; pour le diviser en deux parties dans le rapport $\frac{3}{4}$, il faut prendre les $\frac{3}{7}$ de l'aire totale $=210^{mq}\times\frac{3}{7}=90^{mq}$ pour GFMN.

Donc on a : $CNM=270+90=360^{mq}$;

puis on a : $\frac{\overline{CO}^2}{a^2}=\frac{360}{270}$; mais $a^2=(36)^2$,

donc $\overline{CO}^2=\frac{\overline{36}^2\times360}{270}=41$ mètres 569.

$41,569-36=5^m,569$ pour la longueur de LO.

135. Problème. *Par une droite parallèle à une direction donnée, diviser une surface plane en deux parties qui soient entre elles dans un rapport donné, ou séparer d'une surface plane une partie dont l'aire soit donnée.*

1° *Méthode exacte.* Prenons pour directrice une parallèle ED

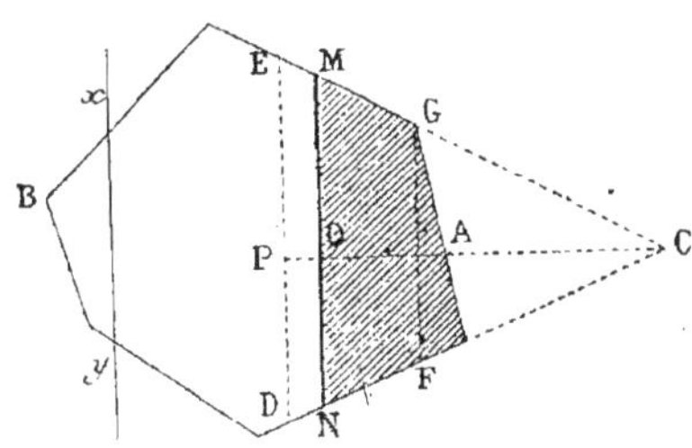

qui divise approximativement le terrain dans le rapport donné,

$\frac{2}{5}$, par exemple, évaluons DAE et la surface totale; soient

$$\textit{surface}\ BA = 1\,100^{m};\ DAE = 500,$$

tandis que la droite de division MN doit donner

$$MAN = \frac{2}{5} \times 1100 = 440^{mq},$$

différence $= 60^{mq}$, telle est la superficie du trapèze MNDE; mesurons GF parallèle à DE, afin de pouvoir calculer ECD comme au n° 134; mais en prenant la hauteur totale, l'aire ECD calculée fait connaître MCN, puisque celle-ci a 60^{mq} de moins que la première, et, comme au n° 134, on calcule CO et par suite OP, qui fixe la position de MN.

2° *Méthode approximative.* Soit ED mené comme précédemment (135), ayant pour longueur 20 mètres, et la surface DAE plus grande de 60^{mq} que celle que l'on demande, divisons 60^{mq} par la longueur 20 de ED; nous trouvons une longueur $PP' = 3^{m}$, menons E'D'; si les côtés DD' et EE' du polygone sont sensiblement parallèles, la figure retranchée $= 60^{mq}$; D'E' est la ligne de division; dans le cas contraire, DD', EE' est un trapèze dont l'aire est moindre que la quantité à soustraire, soient $EE'DD' = 55^{mq}$. Il reste donc à soustraire encore 5^{m}; divisons 5 par D'E', le quotient IJ permet de mener MN. Presque toujours deux opérations bien conduites donnent une approximation suffisante. Ce procédé *est le meilleur moyen pratique* dans tous les cas, et le *seul* que l'on puisse employer lorsque le périmètre n'est pas rectiligne dans la région que MN doit couper.

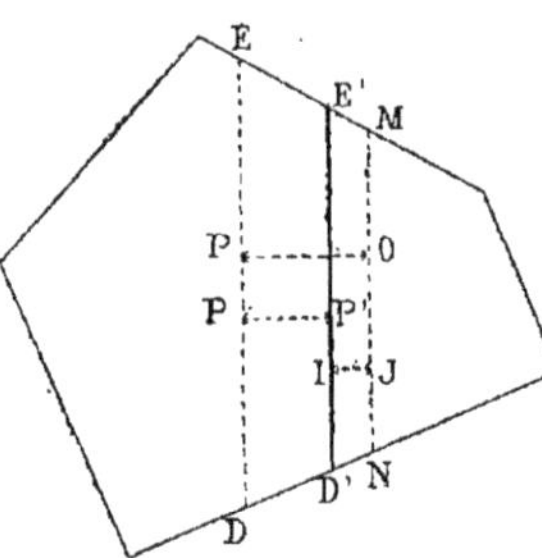

136. Problème. *Diviser un triangle en deux parties qui soient dans le rapport $\frac{m}{n}$ par la plus petite droite qui puisse couper les deux côtés de l'angle.*

Ainsi qu'au n° 129, nous pouvons déterminer préalablement l'aire de AMN. Soit K^2 sa valeur, et ABC un triangle égal à K^2.

On a surface ABC ou $K^2 = \frac{1}{2} AB \times AC$ sinus A (*Trigonométrie,* 59). Donc $AB \times AC = \frac{2K^2}{sinus\ A}$. Donc le produit des côtés qui comprennent l'angle A est une quantité constante et ne dépend pas de la longueur de BC. Mais nous avons :

$a^2 = b^2 + c^2 - 2bc \cos A$ (*Trigonom.*, 50);

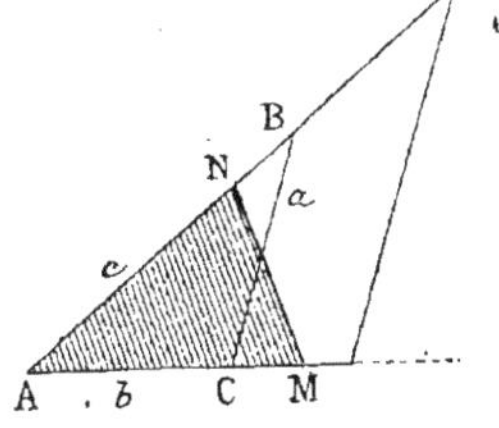

puisque la quantité $2bc \cos A$ est constante, la longueur a du troisième côté ne dépend que de la somme des carrés b^2 et c^2, or le minimum de cette somme a lieu lorsque $b = c$ (*Algèbre,* F. P. B.). donc le triangle doit être isocèle, et pour déterminer AM=AN, il suffit de poser $\frac{1}{2}\overline{AM}^2 = K^2$.

REMARQUE. Comme au nº 130, on peut résoudre le problème pour un polygone quelconque.

137. PROBLÈME. *Diviser un terrain en deux parties équivalentes par une ligne parallèle aux principales lignes du périmètre.*

Assez fréquemment on rencontre des parcelles limitées par

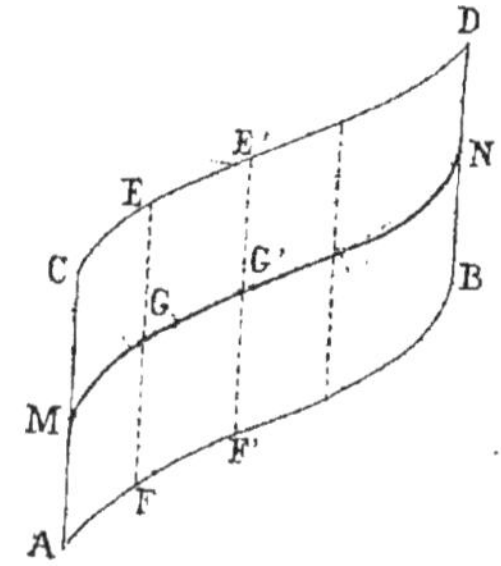

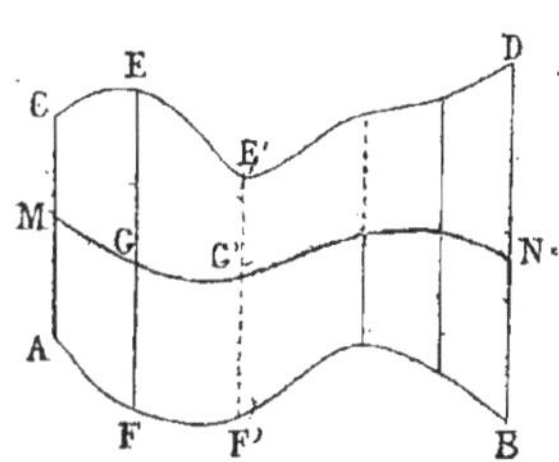

des courbes AB, CD, à peu près parallèles, et les copartageants exigent que la ligne MN de division ait une forme analogue à celle des lignes du périmètre. Dans ce cas, on mène des parallèles EF, E'F', etc., aux côtés AC et DB, et la courbe MGG'N, qui passe par le milieu de chaque droite, divise la surface en deux parties équivalentes. On opère d'une manière analogue même lorsque AC et BD ne sont pas des lignes égales, pourvu qu'elles soient parallèles; dans le cas contraire la division ne peut-être qu'approximative.

Remarque. Il y a des exigences qu'un praticien est contraint de subir, mais il faut éviter autant que possible de procéder comme ci-dessus; car la ligne de division doit être indiquée par un fossé ou une haie, etc., puisque quelques bornes ne feraient pas connaître d'une manière suffisante la courbe MN (nº 42). Les divisions opérées comme il vient d'être dit, finissent par amener des contestations entre les possesseurs des parcelles limitrophes. Divers propriétaires d'un département du nord-est de la France ont obvié à bien des difficultés en procédant comme il suit : après avoir évalué l'étendue de leurs champs, ils ont supprimé les anciennes limites et divisé le terrain par des droites, de manière à constituer à chacun d'eux un lot pris à peu près rectangulaire équivalent aux parcelles qu'il avait.

138. Problème. *Rectifier la ligne* ABC *de séparation de deux propriétés.*

La droite de rectification doit partir d'un point donné A ou

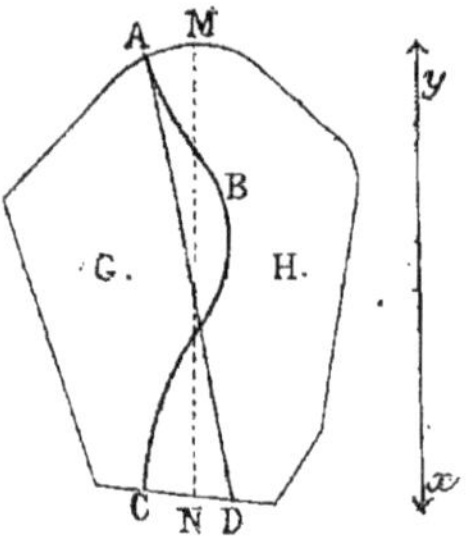

être parallèle à une ligne xy; on calcule les deux superficies AGC, ACH, et l'on est ramené au nº 126 ou au nº 135.

NIVELLEMENT

CHAPITRE I

NIVELLEMENT PROPREMENT DIT

§ I. — Niveaux simples.

139. Le *nivellement* est l'art de déterminer la distance des divers points du terrain à une surface de niveau (41).

La *cote* ou *l'ordonnée* d'un point est le nombre qui exprime la distance d'un point à la surface de niveau qu'on a choisie; pour les opérations peu étendues, on considère pour surface de niveau un plan perpendiculaire à la verticale du lieu; on le nomme *plan de comparaison*. Maintenant on le prend au-dessous de tous les points du terrain. Pour le tracé des chemins de fer, on fait choix de la surface de la mer (41), supposée prolongée au travers des continents.

L'*altitude* d'un point est la hauteur de ce point au-dessus du niveau de la mer : Les praticiens disent *ordonnées* plus souvent qu'*altitude*.

Instruments. Dans le nivellement, on emploie simultanément la *mire* et le *niveau*.

La *mire* est une longue règle graduée. Le *niveau* est un instrument qui permet de diriger le rayon visuel suivant une horizontale, et dans certains cas suivant toutes les horizontales qu'on peut mener par un même point.

140. Le *niveau à perpendicule* ou *niveau de maçon* se compose de deux règles égales, AB, BC, assemblées à angle droit, réunies par une traverse qui détermine un triangle isocèle, et

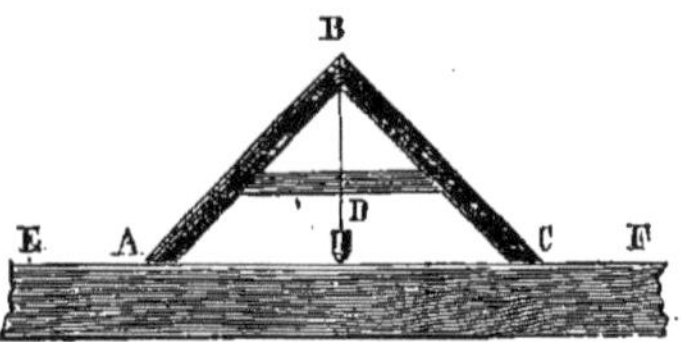

d'un fil à plomb suspendu au sommet. — On reconnaît que la ligne EF est horizontale, lorsque le fil à plomb passe au point de *repère* marqué au milieu de la traverse.

141. Le *niveau à bulle d'air* se compose essentiellement d'un tube de verre légèrement convexe suivant la génératrice supérieure, et à peu près complétement rempli de liquide; il est

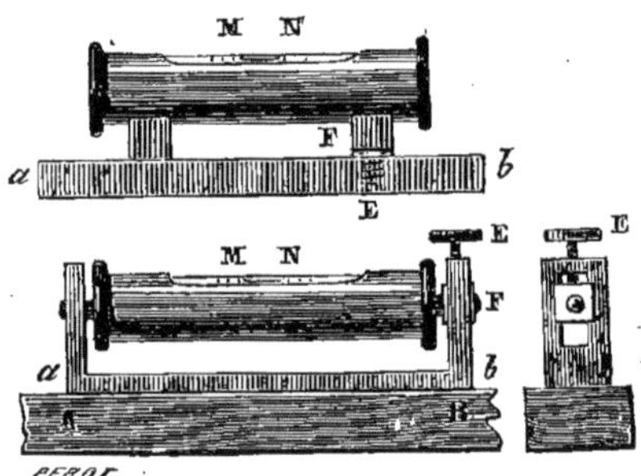

placé dans une garniture de cuivre fixée elle-même à une règle *ab*, qui doit être horizontale lorsque la *bulle d'air* laissée dans le tube vient en occuper la partie la plus élevée, c'est-à-dire lorsque les divisions tracées sur le tube sont en nombre égal de part et d'autre de cette bulle.

Un des supports F du tube peut être élevé au moyen d'une vis E, afin que la règle *ab* puisse être rendue horizontale, lorsque la bulle est placée exactement entre ses repères M et N.

142. Vérification du niveau. Pour vérifier le niveau à bulle d'air, on le met sur une règle DC qu'on dispose de manière que la bulle se trouve entre les repères du tube; alors, retournant l'instrument bout pour bout, c'est-à-dire l'extrémité *b* étant placée au point *a*, et *a* au point *b*, la bulle doit se retrouver

entre ses repères; si cela n'a pas lieu, on élève ou on abaisse le support mobile.

Aujourd'hui le niveau à bulle d'air remplace fréquemment le niveau à perpendicule, et on l'emploie pour placer horizontalement le graphomètre, la planchette, etc.

§ II. — Du niveau d'eau et de son emploi.

143. Le *niveau d'eau* est un tube de fer-blanc ou de laiton de $1^m,20$ de longueur, muni à ses extrémités, recourbées à angle droit de deux fioles de verre sans fond et de même diamètre; un genou à coquilles permet de placer l'instrument sur le pied à trois branches.

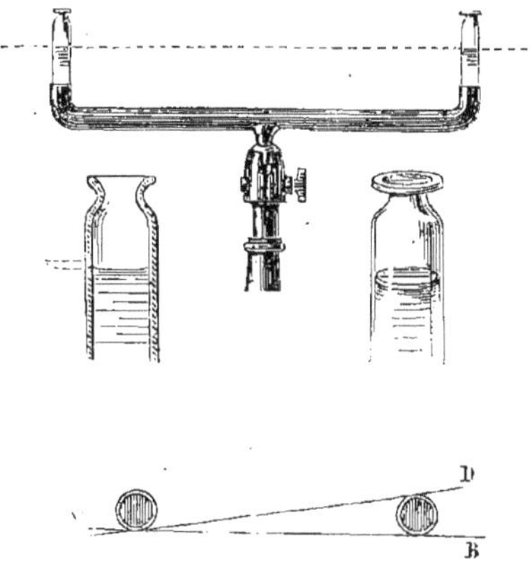

On met de l'eau dans le tube placé à peu près horizontalement de manière que le liquide s'élève jusqu'à la moitié de la hauteur des fioles, et la surface de l'eau détermine un plan horizontal. L'eau mouillant le verre se relève le long des parois et forme un onglet circulaire, que l'on distingue facilement, surtout lorsqu'on se place à 60 ou 80 centimètres de l'instrument et que l'on vise tangentiellement les fioles, soit suivant AB, soit suivant CD.

144. Portée des coups de niveau. Généralement, il ne faut point dépasser 20 ou 25 mètres; mais il n'est pas rare de voir relever des cotes au double de ces distances; car tout dépend de l'habileté de l'opérateur et de la précision que l'on veut obte-

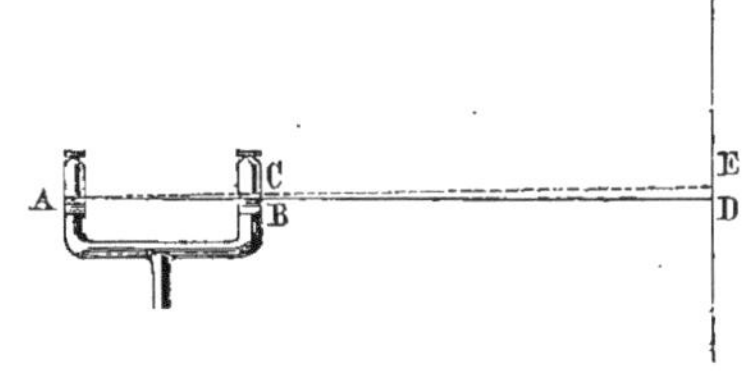

nir. En admettant qu'on ne puisse apprécier l'horizontale AB qu'à un demi-millimètre près, en visant les onglets, on a la proportion :

$$\frac{DE}{BC}=\frac{AD}{AB}; \qquad \frac{DE}{0,0005}=\frac{24 \text{ mètres}}{1^{m},20}; \qquad DE=0,01.$$

Ainsi, en prenant une distance de 24 mètres, on peut avoir une erreur de 1 centimètre.

145. La *mire simple* est une règle graduée; elle a deux ou trois mètres de longueur.

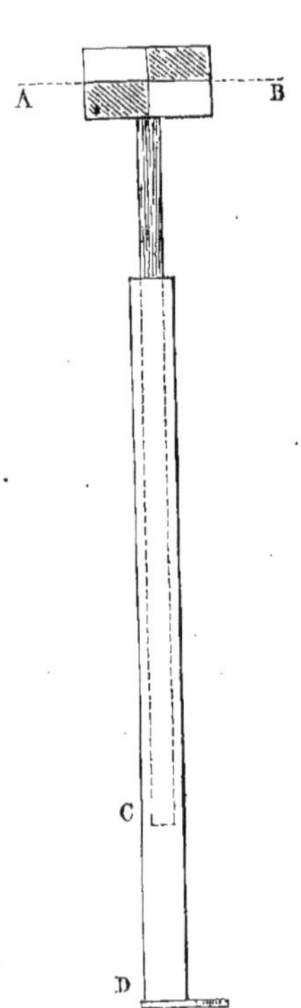

La *mire à coulisse* est une règle de deux mètres divisée en centimètres; une plaque, nommée *voyant*, peut glisser le long de cette règle et s'y fixer à l'aide d'une vis de pression; on vise la droite AB formée par la rencontre de deux parties différemment peintes, le collier du voyant porte un index pour indiquer à quelle division de la règle correspond AB; une seconde règle de deux mètres glisse dans la première; le voyant peut être fixé à son extrémité supérieure, on peut ainsi aller jusqu'à quatre mètres. L'extrémité de la règle mobile porte l'index qui indique la cote; dans ce cas, la mire a une seconde graduation sur une des faces latérales, ou bien à la longueur DC on ajoute deux mètres.

146. Manière d'opérer. Le niveleur fait placer la mire dans la direction du niveau, et, visant les onglets tangentiellement, il élève ou abaisse la main pour faire hausser ou descendre le voyant, et tend le bras horizontalement vers la droite lorsque le point de rencontre des quatre parties du voyant correspond à la ligne de visée; alors le porte-mire, qui jusque-là a dû tenir l'instrument verticalement, serre la vis de pression, lit la cote indiquée, et l'opérateur, vérification faite, inscrit ce nombre sur le carnet de nivellement.

147. Nivellement simple. Le nivellement simple est celui qui se fait à l'aide d'une seule station, quel que soit le nombre de cotes que l'on détermine.

Pour avoir la différence de hauteur de deux points A et B, on place le niveau sur la droite qui joint les points, et la mire successivement en A et B.

Soient $Bb = 3^m,25$; $Aa = 1^m,47$; différence $= 3,25 - 1,47 = 1^m,78$. Ainsi le point A est à $1^m,78$ au-dessus de B. Sans changer le niveau de place, on peut relever la cote d'un autre point C de la même ligne.

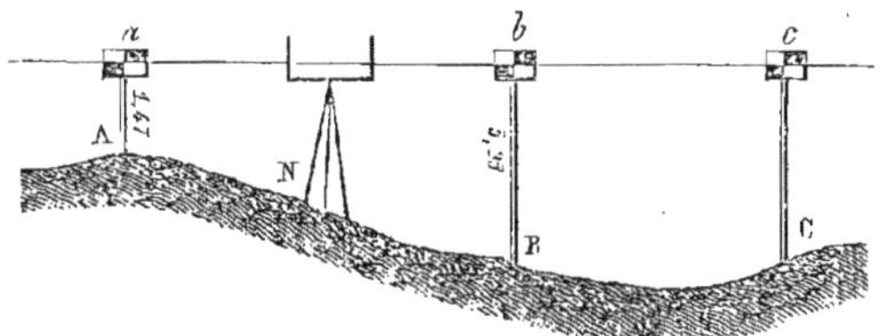

Lorsque l'instrument N et les points à relever A, B, C, sont dans un même plan vertical, il n'est pas nécessaire que le tube du niveau soit horizontal.

148. Station centrale. On place le niveau de manière que le tube soit horizontal. Il suffit que dans deux positions à peu près rectangulaires, l'eau s'élève à la même hauteur dans chaque fiole; alors, faisant décrire un *tour d'horizon* à l'instrument, on relève, autour de la station, la cote d'autant de points que l'on veut.

On peut procéder ainsi pour avoir la distance verticale de deux points donnés (147).

149. Nivellement composé. Le nivellement composé est celui qui exige plusieurs stations de niveau pour fournir la différence des cotes de deux points donnés, ou d'une suite de points que l'on veut comparer au même plan horizontal.

Soient A, G, les points dont on veut connaître la différence des cotes; plaçons le niveau en H, en marchant de A vers le point G. Le coup de niveau donné sur la mire du point A se nomme *coup arrière*, et par extension on donne le même nom ou celui de *cote arrière*, à la longueur Aa' obtenue; le coup donné sur la mire du point B est le *coup avant*, puis on place l'instrument au delà de B; Bb' est le coup arrière du point B, et Cc le coup avant de C, puis une même horizontale $c'def$ permet de relever les points D, E, F; il n'y a donc pas de coup arrière sur les points D, E.

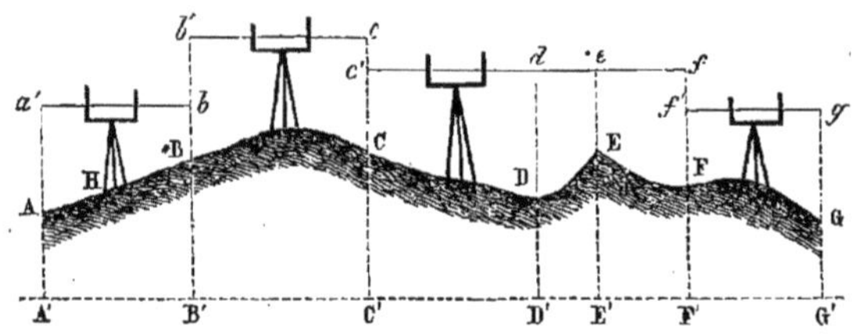

	DISTANCE	COUP ARRIÈRE	COUP AVANT	COTE
A	35,10	3,75	»	10,00
B	42,00	3,22	0,90	12,85
C	36,00	1,18	3,54	12,53
D	50,20	»	4,00*	9,71
E	15,25	»	2,25*	11,46
F	12,35	1,18	3,75	9,96
G		»	3,68	7,46
		9,33	11,87	

On continue ainsi jusqu'au point G, qui ne reçoit qu'un coup avant. Lorsqu'on ne demande que la différence du niveau des points extrêmes, il est inutile de relever les cotes des points intermédiaires D, E, données par une même horizontale $c'f$.

En faisant $Aa'=3{,}75$; $Bb=0{,}90$; $Bb'=3{,}22$, etc.; on trouve que B est à 3,75—0,90, ou 2,85 au-dessus de A; puis C est à 3,54—3,22, ou 0,32 au-dessous de B, puisque la cote avant de C est plus longue que la cote arrière, et comme B est à 2,85 au-dessus de A, C se trouve à 2,85—0,32, ou 2,53 au-dessus du premier point; en continuant ainsi, on aurait la différence demandée, mais cette manière de procéder est très-lente et demande beaucoup d'attention, en réalité nous avons fait les opérations suivantes :

De $Aa'-Bb$ nous avons soustrait $Cc-Bb'$, ou, ce qui revient au même, nous avons ajouté $Bb'-Cc$. On a donc :

$$+\left\{\begin{array}{l}Aa'-Bb\\Bb'-Cc\end{array}\right.$$
$$\overline{(Aa'+Bb')-(Bb+Cc).}$$

Pour tous les autres points, il en serait de même. On peut donc formuler la règle suivante :

Pour avoir la différence des cotes de deux points, de la somme des coups arrière, il faut soustraire la somme des coups avant; si la différence est positive, elle indique de combien le point extrême à l'avant est au-dessus du point de départ; si la différence est négative, la valeur absolue trouvée indique de combien le même point d'arrivée est au-dessous du premier.

Remarque. Lorsque des points intermédiaires tels que D, E, n'ont pas de cote arrière, on ne tient pas compte de leur cote avant pour avoir la différence du niveau des points extrêmes.

150. Carnet de nivellement. Le carnet de nivellement est un tableau à colonnes où l'on inscrit au fur et à mesure les cotes obtenues; souvent il contient les différences en montant et en descendant (152); *presque toujours* il indique les distances des divers points (149 et 154). Avec les données du tableau (149), on trouve :

Coups arrière.	total = 9,33
Coups avant (non compris D, E) .	id. = 11,87
Différence. .	= — 2,54

La différence, étant négative, indique que le point G est à $2^m,54$ au-dessous de l'horizontale du point A.

151. Vérification du nivellement. Pour contrôler les résultats obtenus par un nivellement tel que celui du n° 149, on le recommence en sens contraire, marchant, par exemple, dans la direction GCA; mais on ne fait cette contre-épreuve que pour les points les plus importants (155).

152. Cotes des divers points. Le plus souvent on veut connaître la cote des divers points par rapport à un même plan de comparaison (139). Dans les cas ordinaires, on peut donner au premier point une cote quelconque, 10 par exemple, cette valeur arbitraire est nommée *cote d'emprunt.* Pour le nivellement du n° 149, nous aurons : $Aa' = 10 + 3,75 = 13,75$, telle est la hau-

teur de l'horizontale *a'b*; puis soustraire 0,90 de 13,75 pour avoir B'B; de là, la règle suivante :

Pour avoir la cote d'un point, à la cote du point précédent, il faut ajouter le coup arrière sur ce point, et en soustraire le coup avant sur le point cherché. C'est en procédant ainsi qu'on a calculé la dernière colonne du carnet (149).

153. Altitudes. Dans le tracé des chemins de fer, on détermine les altitudes des divers points (139); le calcul se simplifie en écrivant les différences (150). Dans le tableau suivant emprunté à la ligne de Paris à Cette, section de Brioude à Alais, le coup arrière marqué au piquet R se rapporte en réalité au repère; il en est de même aux autres lignes; ainsi : 1,05 et 0,25 sont les deux coups donnés à la même station sur les deux points entre lesquels elle est comprise; la cote avant étant plus faible, le piquet R est à 0,80 au-dessus du repère, on ajoute 0,80 à l'altitude du premier point; dans le cas contraire, on soustrait comme cela a lieu au point suivant.

Désignations	Arrière	Avant	Différence en montant	Différence en descendant	Altitudes ou ordonnées	Observations
Repère 198					608,17	
P. R	1,05	0,25	0,80	....	608,97	
	0,25	1,15	....	0,90	608,07	
	1,15	5,80	....	4,65	603,42	
	5,80	0,54	5,26	....	608,48	
	5,62	0,15	5,47	....	614,15	
P. 13	5,18	0,13	5,05	....	619,20	
	0,13	3,12	....	2,99	616,21	
P. 12	0,87	2,36	....	1,49	614,72	
etc.	etc.					

154. Dans le tracé des routes, on fait un nivellement principal suivant l'axe de la voie, et le carnet est tenu comme il vient d'être dit, et contient en outre une colonne pour les distances qui séparent deux points consécutifs; puis, prenant pour point de départ chacun des points obtenus, on fait des nivellements dont la direction est perpendiculaire à la route; dans ce cas, on donne au carnet la disposition suivante :

Ligne de Toulon à Nice. — Profils en travers.

GAUCHE					NUMÉROS D'ORDRE	DROITE				
	DIFFÉRENCES							DIFFÉRENCES		
Ordonnées	—	+	Cotes	Distances		Distances	Cotes	+	—	Ordonnées
20,76			2,30	8,	1	5,	2,30			20,76
21,66		0,90	1,40	10,		20,	1,80	0,50		21,26
22,06		1,30	1,00	10,			2,40		0,60	20,66
22,31		1,55	0,75							
20,24			0,75	10,	16	10,	0,75			20,24
20,24			0,75				0,75		0,00	20,24
19,91	0,33		1,08	12,		3,	1,00		0,25	19,99
19,99	0,25		1,00				1,00		0,25	19,99
						7,	0,75		0,00	20,24
							1,80		1,05	19,19

On n'écrit que sur le recto des feuilles du carnet; sur le verso on dessine un croquis du nivellement. Ainsi, profil 1, le point

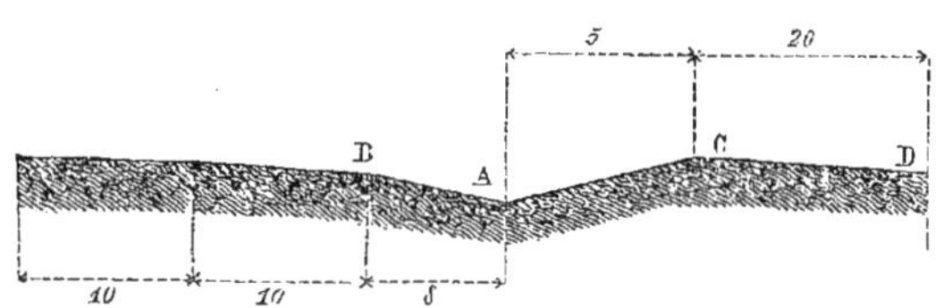

Profil 1.

A appartient au nivellement principal, sa cote est 2,30, et l'ordonnée par rapport à la surface de la mer $=20,76$. L'horizontale menée à $2^{m},30$ au-dessus du point A, passe à $1^{m},40$ au-dessus de B, ce second point est donc plus élevé que le premier, et la différence positive 0,90, ajoutée à 20,76, donne 21,66 pour l'ordonnée de B, les distances 8^{m} et 10^{m} ne sont pas cumulées; le point C a 21,26 pour ordonnée, la cote du point D est plus forte que celle de C; la différence 0,60 est regardée comme négative, et l'on obtient 20,66 pour ordonnée de D.

La première figure est le croquis que l'on fait réellement; la seconde, purement théorique, indique qu'on a relevé tous les

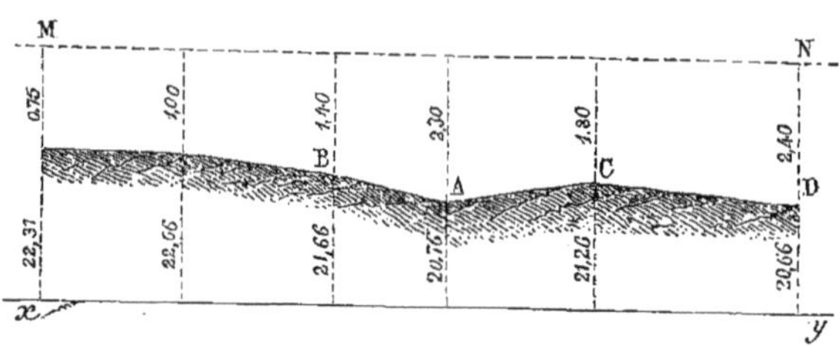

points à l'aide d'un nivellement simple (47); MN représente l'horizontale donnée par le niveau, et xy la surface de la mer.

Le second exemple, profil 16, donne deux cotes 0,75 et 1,00

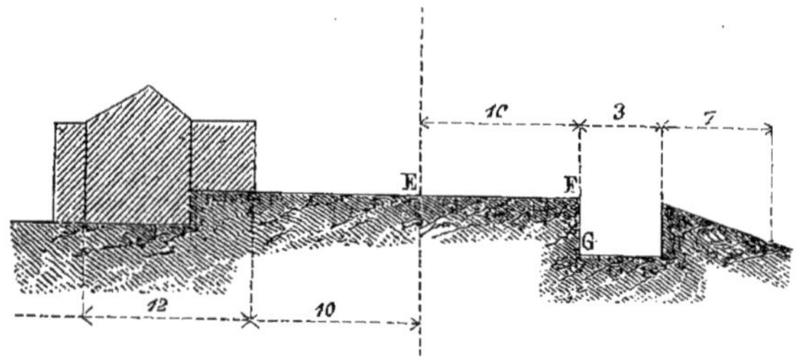

Profil 16.

pour la même distance EF, on les réunit par une accolade; 20,24 est l'ordonnée du point F, et 19,99 est celle du point G.

155. Repères. Pour déterminer les altitudes, il faut rattacher le nivellement à un point déjà connu, soit par suite d'une opération antérieure, soit par le nivellement général de la France, dont le tableau donne l'altitude de chaque sommet de la triangulation.

On appelle *repères* des plaques circulaires de fonte fixées sur des objets destinés à durer, tels que parapets de ponts, rochers, etc., et où se trouve inscrite l'altitude du point considéré; d'une manière plus générale, dans le tracé d'un chemin de fer, on donne le même nom aux points principaux dont les cotes ont été obtenues par un premier nivellement fait avec le plus grand soin, et qui servent de point de départ et de vérification pour les nombreuses opérations que nécessite le tracé de l'axe de la voie.

C'est principalement pour la détermination des repères qu'on a recours à la vérification du nivellement (151).

Le carnet doit contenir des indications assez précises pour que de nouveaux opérateurs puissent retrouver ces points; en voici un exemple pris à proximité du faîte de la chaîne qui sépare les bassins de l'Atlantique et de la Méditerranée.

Nos des repères	LIGNE DE PARIS A CETTE	Altitudes
R. 131	Sur un rocher, rive gauche de l'Allier, à 500 mètres environ, aval de la Bastide, à l'affluent d'un ravin, en face d'une passerelle sur l'Allier, un peu en avant d'un rocher isolé dans la prairie.	1016m52
	. . . .	
R.	Sur une rosace en fonte scellée dans le parapet du nouveau pont de Langogne (nivellement général de la France).	904m454
	. . . .	

Pour tous ces nivellements on a recours aux niveaux à bulle d'air et à lunette.

§ III. — Niveaux à lunette.

156. Niveau d'Egault. Le *niveau d'Egault,* ainsi appelé du nom de son inventeur, se compose d'une lunette OC, d'un niveau et d'une règle AB parallèles. L'instrument peut tourner autour d'un axe vertical qui porte deux plateaux réunis par un genou offrant une certaine mobilité, mais tenus écartés par deux forts ressorts et deux vis qui agissent aux extrémités de deux diamètres rectangulaires EF, E'F'. On peut élever et abaisser une des extrémités du niveau proprement dit; il en est de même pour un des supports BH de la lunette. Tourner la lunette *bout pour bout,* c'est l'enlever des supports et la replacer de manière

que l'oculaire soit du côté B. Une plaque mobile qui surmonte

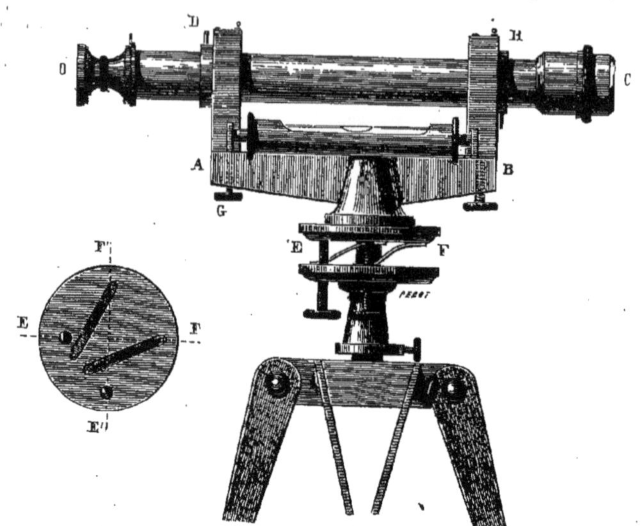

les branches des supports AD, BH, maintient l'instrument en place lorsque cela est nécessaire.

157. *Régler le niveau* est une opération indispensable, mais longue et très-minutieuse; on procède dans l'ordre suivant :

1° *Régler la bulle*. Le niveau proprement dit étant placé dans la direction d'un des diamètres EF ou E'F', on conduit la bulle entre ses repères au moyen de la vis de calage E; puis on fait décrire à l'instrument une demi-rotation autour de son axe vertical, et si la bulle reste entre ses repères, le *tube* est parallèle au plateau supérieur; dans le cas contraire, on tourne dans le même sens la vis G du niveau et la vis de calage E.

2° *Placer horizontalement le plateau supérieur*. Le diamètre EF est déjà horizontal, il suffit de placer le niveau suivant la droite E'F', et d'amener la bulle entre des repères en agissant uniquement sur la vis E'. Si la première opération a été bien faite, la bulle se maintient en place pendant une rotation complète de l'instrument.

3° *Rendre les génératrices de la lunette parallèles au plateau.*

Le plateau étant placé horizontalement, on vise un point D

éloigné; puis on tourne la lunette bout pour bout (156), mais de manière que la génératrice supérieure M soit encore au-dessus; on fait faire à l'instrument une rotation de 180° autour de l'axe vertical, afin de ramener l'oculaire vers l'œil de l'observateur;

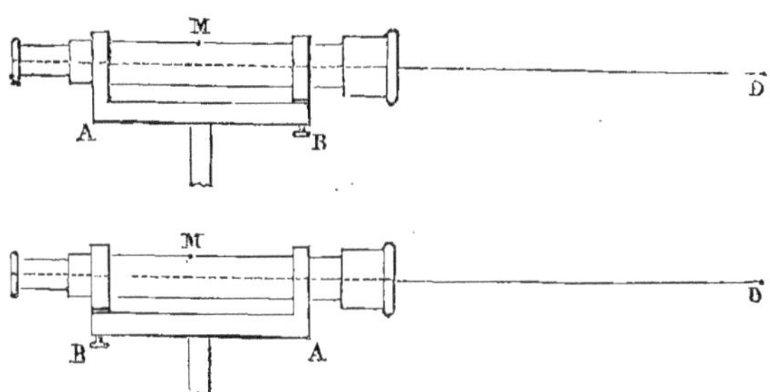

dans cette position, il faut que l'axe optique rencontre le point D; lorsque cela n'a pas lieu, on modifie l'élévation du support mobile B, de manière à prendre la demi-différence observée, et on fait une nouvelle épreuve.

4° *Rendre l'axe optique parallèle au plateau.* (Voir 57.) Cette opération peut précéder toutes les autres.

158. Coups de niveau sur le même point. Malgré les précautions prises, il est difficile de régler l'instrument d'une manière parfaite; néanmoins on peut opérer avec exactitude en utilisant les remarques suivantes :

On peut donner *quatre* coups de niveau sur la même mire; supposons qu'elle soit placée à droite, *première position*, le support mobile B est du côté de la mire et la génératrice M à la partie supérieure; *deuxième position*, on fait tourner la lunette sur elle-même de 180°, la génératrice M est à la partie inférieure; pour la *troisième position*, on tourne la lunette bout pour bout, M est encore à la partie inférieure; mais pour viser, il a fallu faire opérer à l'instrument une rotation de 180° autour de l'axe vertical, et le support fixe A est du côté de la mire; dans la *qua-*

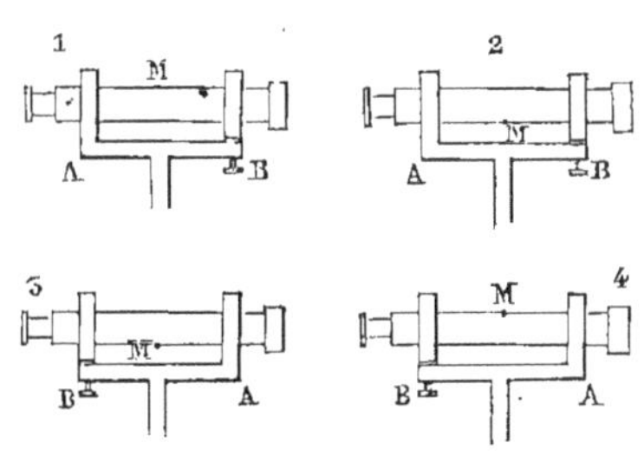

trième position, A reste fixe et on ramène la génératrice M à la partie supérieure.

En exagérant la différence, on peut représenter comme il suit les quatre coups de niveau qu'on peut donner sur *xy*, le plateau du niveau étant horizontal (157... 2°). OH est la droite

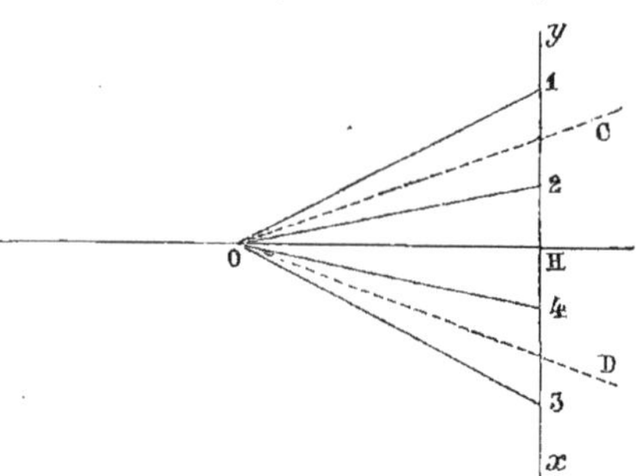

que l'on veut obtenir, OC la direction de l'axe de figure de la lunette lorsque le support B est plus élevé que A; cet axe a pour direction OD, symétrique de l'axe OC par rapport à l'horizontale lorsqu'on a retourné la lunette bout pour bout (156), et qu'on dirige l'instrument vers la même mire.

Lorsque l'axe optique n'est point parallèle aux génératrices, ou que la génératrice supérieure M n'est point parallèle au plan déterminé par l'oculaire et le fil horizontal du réticule (57), les visées obtenues en faisant tourner de 180° la lunette sur elle-même, donnent des positions 1 et 2 symétriques par rapport à la direction OC des génératrices, et 3 et 4 lorsque le support B est vers l'oculaire.

Pour avoir l'horizontale OH, il suffit donc de prendre la moyenne de deux observations symétriques par rapport à cette ligne, par exemple la première et la troisième; de là, la règle suivante : *On vise une première fois, puis ayant tourné la lunette bout pour bout, on lui fait opérer une demi-rotation sur elle-même et on fait tourner de* 180° *le niveau autour de l'axe vertical, afin de ramener l'oculaire vers l'observateur, enfin on vise une seconde fois, la moyenne des cotes obtenues est la cote vraie.*

Remarque. Pour les opérations ordinaires, on règle le niveau aussi parfaitement que possible, et l'on ne donne qu'un coup de niveau; de distance en distance on a les points de repère (155) pour contrôler les résultats; mais dans les nivellements de précision on fait deux opérations; or le retournement de la lunette bout pour bout demande du soin, sans cela on ébranle l'instrument. Divers auteurs ont modifié le niveau d'Egault, afin d'éviter le retournement de la lunette bout pour bout.

159. Niveau de Lenoir. Le *niveau-cercle de Lenoir* se compose d'une lunette AB fixée dans deux collets rectangulaires de même hauteur; par leur intermédiaire elle repose sur un disque

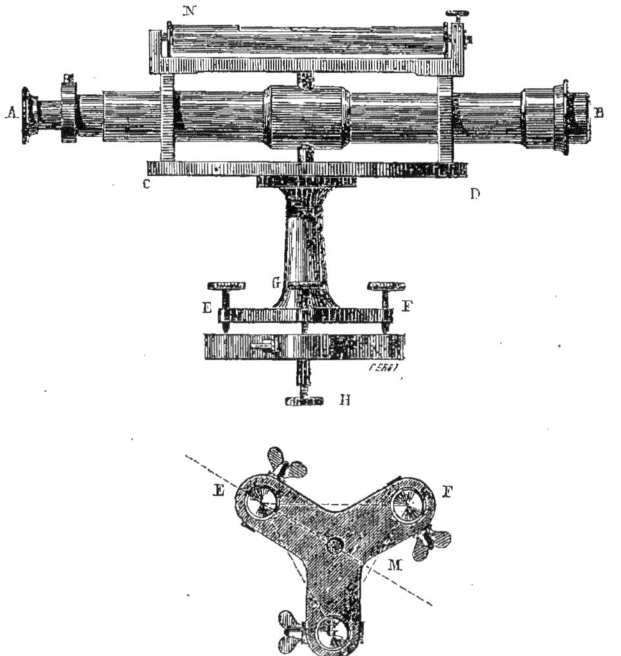

circulaire CD, supporté lui-même par une colonne montée au centre d'un triangle équilatéral; cette plaque EFG repose sur le plateau d'un pied à trois branches, par l'intermédiaire de trois vis à caler. Le niveau proprement dit se place sur les collets; deux tourillons, dans le prolongement l'un de l'autre, sont fixés à la lunette perpendiculairement à son axe; ils pénètrent dans deux trous pratiqués, l'un au centre du cercle CD et l'autre dans la règle du niveau. Une vis à pompe H maintient l'instrument sur le pied à trois branches, tout en permettant à l'opérateur de modifier la position du plateau triangulaire EFG, à l'aide des vis à caler.

160. Régler l'instrument. Le niveau proprement dit, étant indépendant de la lunette, peut se régler directement (142).

Les deux collets doivent être rigoureusement égaux. Cette condition est réalisée par le constructeur; au besoin, on peut diminuer légèrement la hauteur de l'un d'eux à l'aide de papier à l'émeri. En faisant reposer la lunette successivement sur deux faces opposées des collets, et en opérant comme au n° 57, on peut rendre l'axe optique parallèle au plateau sur lequel reposent les collets.

Enfin pour rendre le disque circulaire CD horizontal, on dirige le niveau proprement dit suivant la médiane EM du triangle équilatéral; au moyen de la vis E on amène la bulle entre ses repères; dès lors la droite EM est horizontale; on fait une opération analogue à l'aide d'une autre vis. Au besoin le niveau N peut se placer directement sur le cercle.

161. Manière d'opérer. L'instrument étant réglé, on donne un premier coup de niveau; puis on tourne la lunette de 180° autour de son axe géométrique, et on la fait reposer sur le plateau par les faces supérieures des collets pour donner le second coup.

Un grand nombre d'opérateurs se montrent très-satisfaits du niveau-cercle de Lenoir, et le préfèrent à celui d'Egault.

162. Niveau de Bruner. Ce niveau, aussi appelé *niveau de Salleron*, du nom de son constructeur, a un support analogue au niveau de Lenoir, mais la lunette est placée comme dans le niveau d'Egault. On n'éloigne jamais la lunette du bâti, le niveau seul est tourné bout pour bout lorsqu'on veut donner le second coup.

La lunette peut être centrée directement (57). On peut aussi régler le niveau proprement dit (142); puis pour rendre l'axe de figure, et par suite l'axe optique de la lunette horizontal, on agit partie sur la vis à caler F, partie sur la vis L, jusqu'à ce que tournant bout pour bout le niveau sur la lunette, la bulle reste néanmoins, dans les deux positions, entre ces repères. La coupe transversale indique de quelle manière le niveau à bulle est disposé sur la lunette.

163. Manière d'opérer. La bulle étant entre les repères, on

donne un premier coup; dans cette position, le chiffre 1 gravé sur la lunette se trouve en regard du chiffre 1 gravé sur une

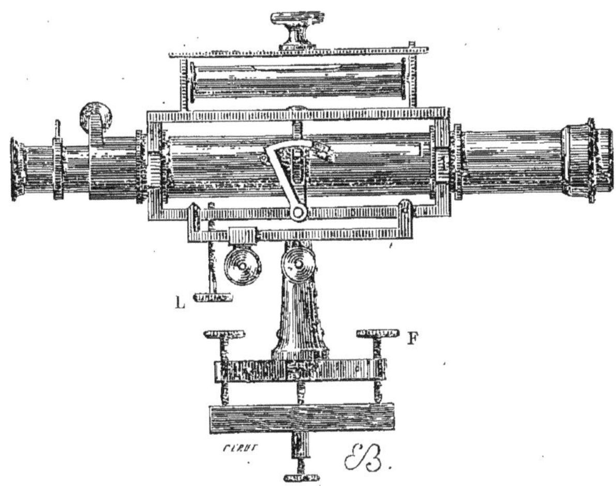

partie de collier fixée à la règle du niveau; pour le second coup, on fait tourner de 180° la lunette sur elle-même, puis à l'aide du bouton qui le surmonte, on fait tourner le niveau bout pour bout, on ramène la bulle entre ses repères à l'aide de la vis L. Dans cette nouvelle position, la partie du collier qui vient à droite de l'observateur, porte un chiffre 2 qui se trouve en regard du chiffre 2 que la lunette présente alors.

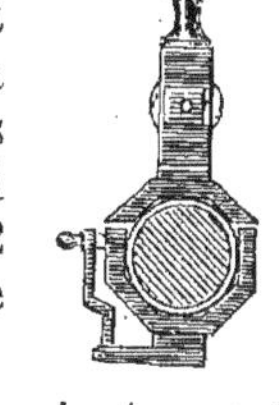

Remarque. On peut opérer exactement avec un instrument non réglé; le niveau Bruner est d'une manœuvre plus facile que les deux précédents. L'École centrale l'a adopté.

164. Niveau apparent et niveau vrai. Le niveau apparent est le plan AB perpendiculaire au rayon terrestre du point considéré, tandis que la surface de niveau est parallèle à celle des mers; dans un plan vertical donné, avec un instrument réglé, on obtient l'horizontale AB au lieu de AC; CB est donc la quantité à retrancher de la cote lue.

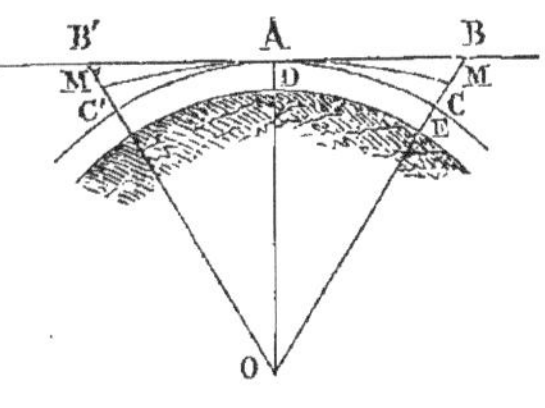

Soient $AO = R = 6366600$ mètres, $AB = d$ et $BC = h$, on a d'après la propriété connue de la tangente (*Géométrie*, F. P. B.) : $h(h+2R) = d^2$; $h = \frac{d^2}{h+2R}$ ou approximativement : $h = \frac{d^2}{2R}$ en supprimant h au dénominateur, car c'est toujours une très-petite quantité par rapport à 2R; mais à cause de la réfraction, le point de la mire, que l'on suppose en B, est en réalité un point M situé au-dessous; en moyenne, dans nos climats, $BM = 0{,}16$ BC; ou MC quantité à retrancher $= 0{,}84$ BC; la formule de correction est donc $CM = 084 \times \frac{d^2}{2R}$; elle permet de dresser le tableau ci-contre; on ne tient pas compte de l'altitude AD du point A; car, en prenant 1000 mètres (153), pour une distance de 200 mètres, on aurait 2 millimètres 638 au lieu de 2 millimètres 639.

20m	»
40	0,0001
60	0,0002
80	0,0004
100	0,0007
120	0,0009
140	0,0013
160	0,0017
180	0,0021
200	0,0026

Le plus souvent même, on néglige la correction indiquée par le tableau; généralement on ne donne pas de coup de niveau à plus de 120 mètres; d'ailleurs, on se place à peu près à égale distance des points B et B' à niveler, et les différences MC, M'C' ont même valeur.

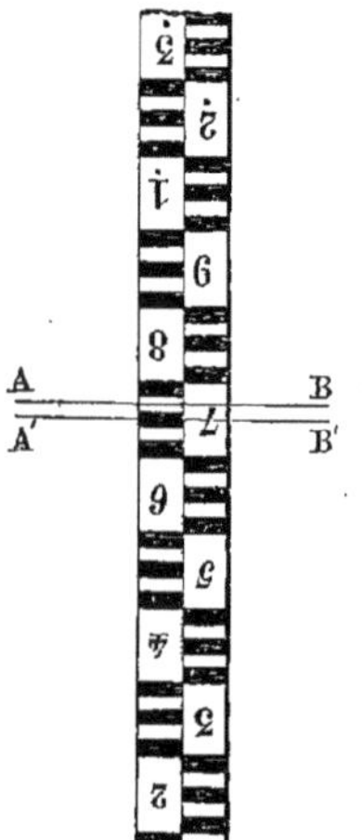

165. Mire parlante. La mire parlante est une règle sans voyant dont les divisions sont assez apparentes pour que l'opérateur puisse lire les cotes à l'aide de la lunette du niveau.

Cette mire est souvent attribuée à *Bourdaloue*, auquel on doit de nombreux nivellements; mais s'il ne l'a pas inventée, il l'a au moins perfectionnée et préconisée. Deux dispositions principales sont adoptées dans la construction de cet instrument : la première est employée lorsqu'on ne donne qu'un seul coup de niveau sur la même mire; la règle est divisée en décimètres; chacun d'eux contient cinq grandeurs égales à deux centimètres; les valeurs plus petites sont évaluées approximativement.

La seconde disposition est employée lorsqu'on donne deux coups de niveau sur le même point (158). Sur toute la longueur, la mire est divisée en parties égales de deux décimètres, mais numérotées 1, 2, 3, 4, etc., c'est-à-dire la moitié du nombre qui indique les décimètres réels; chaque division est partagée en cinq parties de 4 centimètres alternativement rouges et blanches; avec un seul coup de niveau, il faudrait doubler la cote lue, mais avec deux coups, il suffit d'ajouter les deux résultats, les deux subdivisions étant comptées pour deux centimètres. Soit AB la première ligne de visée, on a 6 divisions $+3$ subdivisions $\frac{1}{2}$; d'après la convention, on écrit 6 décimètres $+$ 6 centimètres $+\frac{2 \text{ cent.}}{2}$, soit $0^m,67$, A'B', ligne donnée par le 2e coup de niveau $=$ 6 décimètres $+ 2\frac{3}{4}$ subdivisions de 2 centimètres ou $0^m,655$. Total $= 0,67+0,655 = 1^m,325$, cote réelle, puisque dans chaque opération on n'a inscrit que la moitié de la hauteur réelle.

Les mires parlantes ont de 3 à 6 mètres, et parfois leur longueur est plus considérable ; un fil à plomb permet de les placer verticalement; les chiffres sont renversés afin qu'on puisse les lire facilement à l'aide de la lunette (58).

CHAPITRE II

PLANS COTÉS [1]

§ I. — Du point, de la droite et du plan.

166. Pour représenter une surface quelconque au moyen d'un seul plan de projection, on projette les points principaux sur le plan donné et on inscrit la cote de chacun d'eux. Le plan de comparaison est toujours horizontal et pour une région donnée; il tient lieu de la surface de niveau, même lorsqu'on considère la hauteur des points au-dessus de la surface de la mer.

L'*échelle du plan coté* est l'échelle de reproduction employée pour les longueurs en projection horizontale (83); on l'appelle aussi *échelle graphique* pour la distinguer de ce qu'on nomme *échelle de pente d'une droite ou d'un plan* (167 et 170). On peut prendre 0,005 par mètre, car ce rapport est fréquemment employé dans le tracé des routes.

La droite est représentée par sa projection horizontale MN et par les cotes 5, 6 et 2 de deux de ses points. Les problèmes relatifs aux plans cotés peuvent être résolus graphiquement ou numériquement; dans le premier cas, les cotes sont représentées par des perpendiculaires MM', NN' ayant la longueur voulue d'après l'échelle adoptée; le plan vertical qui contient la droite est rabattu sur le plan horizon-

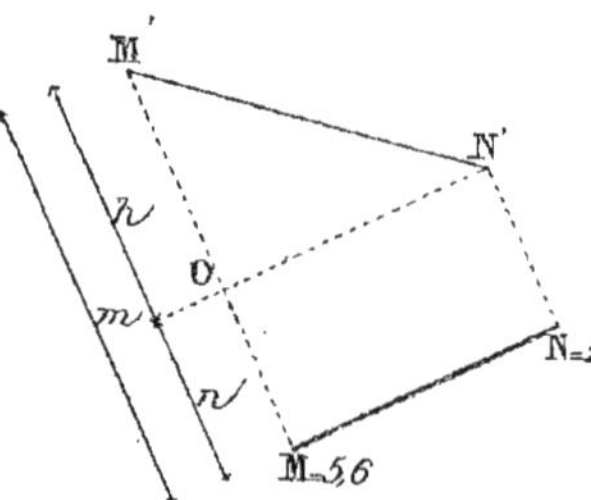

[1] On trouvera plus de détails sur ce sujet dans le Cours de Géométrie descriptive.

tal; dans le second cas, les longueurs horizontales mesurées à l'échelle sont exprimées numériquement. Nous représenterons par m, n les cotes des points projetés en M et N; par d la distance MN des projections horizontales, et par h la différence des deux cotes d'une droite; dans notre exemple, $h = m - n = MM' - NN' = 5,6 - 2 = 3,6$.

On appelle *cote ronde* celle qui est exprimée par un nombre entier; N a une cote ronde.

167. L'*échelle de pente* d'une droite est la projection horizontale sur laquelle on a marqué des points ayant 1 mètre pour différence de cote.

La *pente* d'une droite est le quotient obtenu en divisant la différence des cotes de 2 points par la distance de leurs projections horizontales.

Si MN = 4 unités, la pente de la droite $= \frac{5,6-2}{4} = 0,90$; d'une manière générale $p = \frac{h}{d}$; c'est la tangente trigonométrique de l'angle que forme la droite avec le plan horizontal; on appelle *module* l'inverse de la pente, ainsi le module $= \frac{1}{p} = \frac{d}{h}$, c'est la *cotangente*.

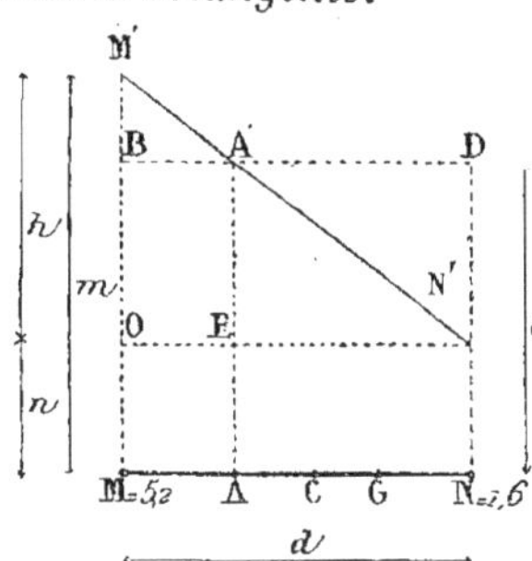

168. PROBLÈME. *Déterminer sur une droite* MN *un point donné par sa cote.*

1° *Graphiquement.* Soit $a = 4$ la cote du point cherché. Rabattons la droite donnée (166); prenons MM' = 5,2. NN' = 1,60, et MB = 4; menons la parallèle BA', et la perpendiculaire AA' fait connaître la projection horizontale A du point cherché.

REMARQUE. Prolongeons BA'; $M'B = m - a$; $DN' = a - n$; donc $\frac{MA \text{ ou } BA'}{AN \text{ ou } A'D} = \frac{M'B}{DN'}$ ou $\frac{MA}{AN} = \frac{m-a}{a-n}$; aussi on emploie souvent le procédé suivant : par M et N on mène des parallèles sur lesquelles en sens contraire on porte des grandeurs MM', NN' égales aux différences $m - a$, $a - n$ ou proportionnelles à ces longueurs, et on joint M'N'.

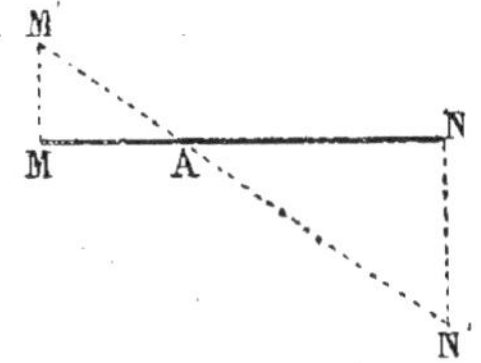

2° *Numériquement.* Mesurons MN ou d à l'aide de l'échelle, soit $d=4,80$.

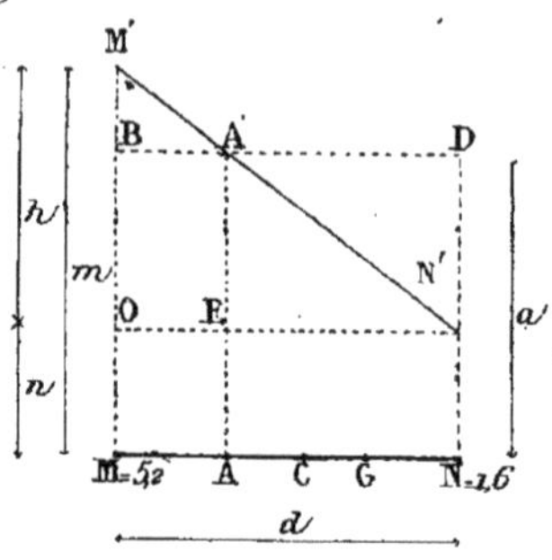

Les triangles semblables donnent : $\frac{BA' \text{ ou } MA}{ON' \text{ ou } d}=\frac{M'B}{M'O}$; remplaçons BM' par $m-a$, M'O par $m-n$ ou h, ce qui donne

$$MA=\frac{d(m-a)}{m-n} \quad (a)$$

ou
$$\frac{d}{h}\ (m-a).$$

Dans l'exemple cité

$$MA=\frac{4,8(5,2-4)}{5,2-1,6}=1,60; \quad \text{on aurait de même}$$

$$NA=\frac{d(a-n)}{m-n} \quad (b) \quad =\frac{4,80(4-1,6)}{3,60}=3,20.$$

Remarque. La formule (a) s'applique à tous les cas, ainsi pour la cote 1, elle donne $\frac{4,8(5,2-1)}{3,6}=5,6$; le point est à droite de N; une cote plus grande que 5,2 donnerait une valeur négative; le point cherché serait à gauche de M.

169. **Problème.** *Construire l'échelle de pente d'une droite par deux de ses points cotés.*

Soient $M=5,2$; $N=1,60$ et $MN=3,60$; d'après le problème précédent, pour avoir le point A à la cote 4, on a $MA=1,60$; pour C à la cote 3, on a :

$$MC=\frac{4,8(5,2-3)}{3,6}=2,933;$$

pour avoir G à la cote 2, il suffit de prendre $CG=AC$, on déterminerait ainsi un nombre quelconque de points à cote ronde; ACG est l'*échelle de pente* de la droite MN (167).

A C G
M = 5,20 4 3 2 N = 1,60

170. **Problème.** *Déterminer la projection horizontale d'un point dont on connaît la cote, ce point étant situé sur une droite déterminée par sa projection horizontale, un de ses points et sa pente.*

Puisque $m-n=h$, et $\frac{d}{h}=\frac{1}{p}$ (167), la formule (a) devient : $MA=\frac{m-a}{p}$ (c), et b donne $AN=\frac{a-n}{p}$ (d); de là, la règle suivante :

Il faut diviser la différence des cotes par la pente.

171. Problème. *Sur une droite* MN, *trouver la cote d'un point donné par sa projection* A.

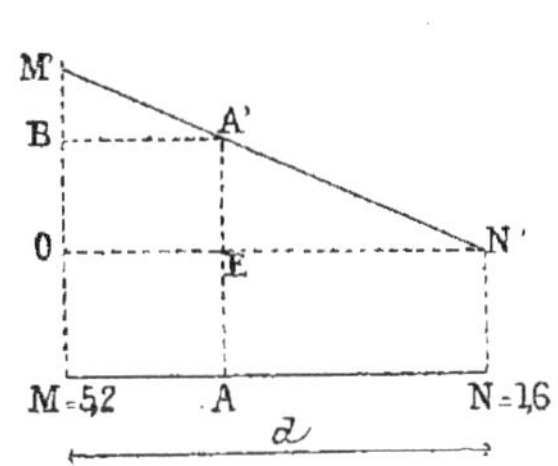

1° *Graphiquement.* Après avoir opéré le rabattement de la droite (MN; 5,2 et 1,6) (166) en M'N', il faut élever la perpendiculaire AA'; sa longueur est la cote cherchée.

2° *Numériquement.* On mesure MA, soit $=1,60$, et $d=4,8$.

On a encore :

$$\frac{MA}{d}=\frac{m-a}{m-n};$$

$$\frac{MA(m-n)}{d} \quad \text{ou} \quad \frac{MA\times h}{d}=m-a;$$

d'où $a=m-MA\times\frac{h}{d}$ (e); $a=5,20-\frac{1,6\times3,6}{4,8}=4.$

On aurait aussi : $a=n+NA\times\frac{h}{d}$ (f).

En remplaçant $\frac{h}{d}$ par sa valeur p, on a : $a=m-AM\times p$ (g).

Il faut multiplier la distance donnée par la pente et soustraire ce produit de la cote du point donné de la droite.

(f) devient : $a=n+AN\times p$ (h); dans ce cas on écrit aussi : $a=n+AN\times r$ (h), en représentant par r, initiale du mot *rampe*, le rapport $\frac{h}{d}$, lorsque la droite s'élève à partir du point donné (N=1,60).

172. Problème. *Trouver l'intersection de deux droites cotées qui ont même projection horizontale.*

Ces deux droites sont situées dans un même plan vertical que nous pouvons rabattre en le faisant tourner autour de MN; une des lignes après le rabattement, est représentée en BC, et l'autre en EF avec les cotes indiquées, m, n pour BC, et m', n' pour EF.

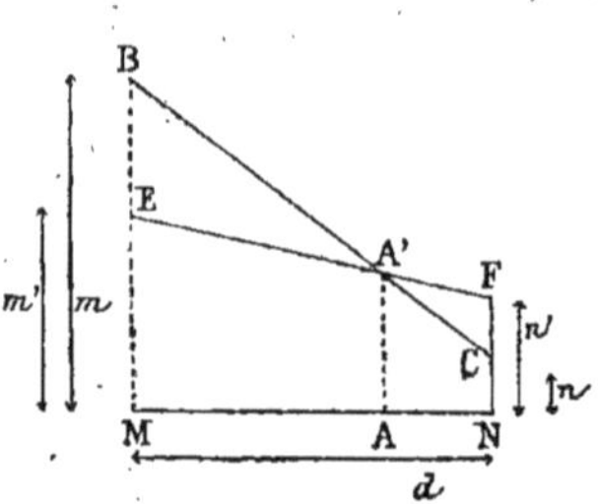

On a : $\frac{MA}{AN}=\frac{BE}{FC}$;

d'où $\frac{AM}{MA+AN}=\frac{BE}{BE+FC}$.

On peut écrire :

$$\frac{MA}{d}=\frac{m-m'}{m-m'+n'-n}$$

ou $MA=\frac{d(m-m')}{(m-n)-(m'-n')}$ (i).

On obtient cette formule lorsque les pentes sont de sens contraire, aussi bien que de même sens, et lorsque le point d'intersection se trouve entre M et N ou lorsqu'il est au delà de ces points.

On aurait aussi : $AN=\frac{d(n'-n)}{(m-n)-(m'-n')}$ (j).

173. Problème. *Déterminer l'intersection de deux droites dont les points cotés ont même projection, connaissant les pentes* p *et* p'.

1er *Cas.* Les deux pentes sont de même sens.

La formule (i) ou $MA=\frac{d(m-m')}{(m-n)-(m'-n')}$

devient $MA=\frac{m-m'}{p-p'}$ (k), car $\frac{d}{m-n}=p$ et $\frac{d}{m'-n'}=p'$.

Ainsi, *quand les pentes sont de même sens, il faut diviser la différence des cotes des deux points donnés par la différence des pentes.*

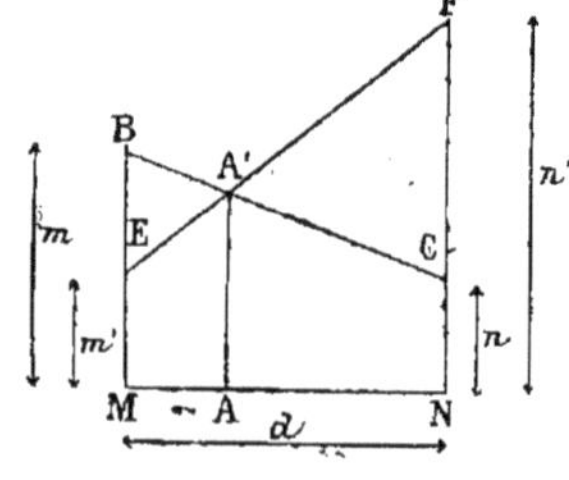

2e *Cas.* La pente de EF est donnée en réalité par $\frac{n'-m'}{d}$; car dans les applications, sans avoir égard à la direction de l'inclinaison de la droite, on divise la différence des cotes par *d*.

Ainsi $\frac{d}{n'-m'}=\frac{1}{p'}$ ou $\frac{d}{m'-n'}=-\frac{1}{p'}$, et comme on a $\frac{d}{-(m'-n')}$, on trouve : $MA=\frac{m-m'}{p+p'}$ (l); on écrit aussi : $\frac{m-m'}{p+r}$.

Donc, *quand les pentes sont de sens contraire, il faut diviser la différence des cotes par la somme des pentes.*

Remarque. Lorsqu'une des droites est donnée par deux points cotés, et la seconde par un point et la pente, on ramène la première droite à être exprimée comme la seconde; il faut d'ailleurs que les points de départ de deux droites aient même projection, aussi on fait un usage continuel des formules établies au n° 171, puis on applique les formules (k) ou (l).

174. L'intersection d'un plan quelconque par un plan horizontal est une ligne horizontale, et si on le coupe par un second plan horizontal, on obtient une ligne parallèle à la première. Une horizontale se représente par sa projection et par la cote d'un de ses points.

Un plan quelconque se représente par ses horizontales cotées; la ligne de plus grande pente d'un plan est une droite contenue dans ce plan, *menée perpendiculairement aux horizontales.*

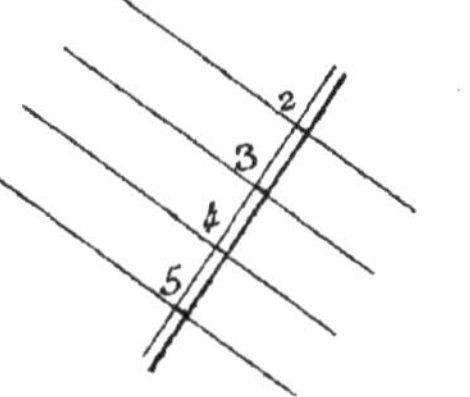

L'échelle de pente d'un plan est l'échelle de sa ligne de plus grande pente (167); on la représente par deux traits parallèles, afin de la distinguer des lignes ordinaires; cette précaution est nécessaire, car souvent on ne mène pas les horizontales du plan.

175. Problème. *Tracer l'échelle de pente d'un plan donné par trois points cotés ou par deux droites concourantes, etc.*

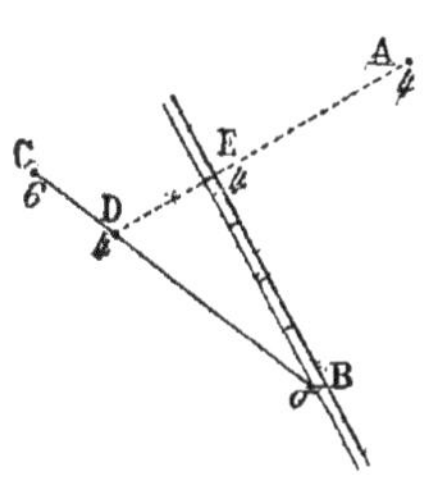

Soient les points A, B et C; je joins B au point C; je cherche sur BC le point D qui a pour cote 4 (168); AD est une horizontale du plan, car deux de ses points ont même cote et appartiennent à des lignes du plan, la perpendiculaire BE est l'échelle de pente demandée; le point E a pour cote 4, et l'on marque ensuite quelques cotes rondes sur EB.

176. Problème. *Trouver l'intersection de deux plans donnés par leurs échelles.*

Soient P et Q les deux plans donnés; dans le plan P je mène

deux horizontales quelconques, par exemple 2 et 4, et dans le plan Q les horizontales de même cote; les points A et B appartiennent aux deux plans : la ligne AB est l'intersection demandée.

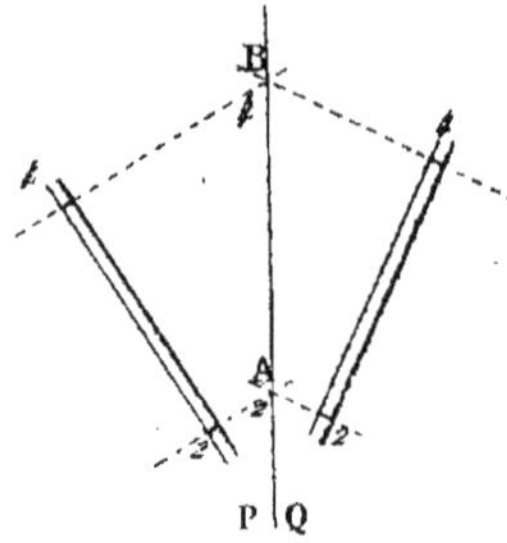

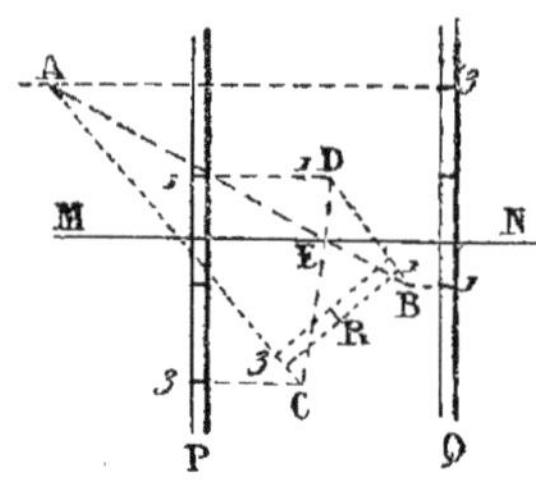

Lorsque les échelles P et Q sont parallèles, on peut couper chaque plan par un plan auxiliaire R; AB est l'intersection de Q et de R; CD est celle des plans R et P; donc le point E appartient aux trois plans, et l'horizontale MN, menée par E, est l'intersection des plans P et Q.

En réalité, il suffit de mener les parallèles quelconques AC et DB.

177. Problème. *Trouver le point où une droite* CB *rencontre un plan* P.

Soient P l'échelle du plan : C et B deux points cotés de la droite; déterminons les points de la ligne CB qui ont pour cote 2 et 7; puis cherchons l'intersection du plan donné et du plan qui aurait CB pour échelle de pente; nous trouvons MN pour intersection, donc A est le point où la droite rencontre le plan donné; comme vérification on mène l'horizontale AF, les points A et F doivent avoir même cote. Lorsque les horizontales 2—2, 7—7 se rencontrent trop loin, on peut mener par 2 et 7 de CB, deux parallèles quelconques terminées aux horizontales 2 et 7 du plan P, la droite *mn* détermine le point A.

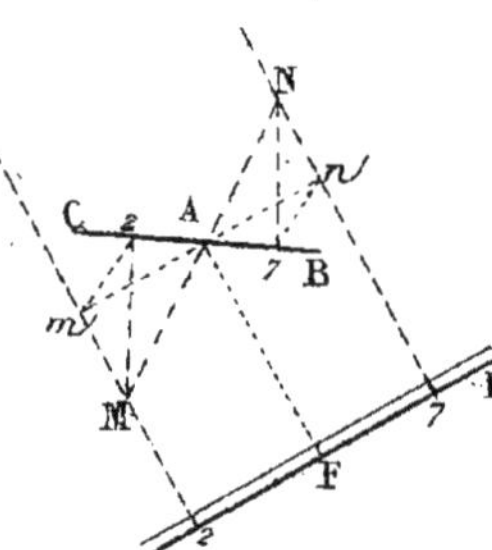

§ II. — Courbes de niveau.

178. On appelle *courbe de niveau* une courbe dont tous les points ont même cote ; par exemple : la ligne suivant laquelle les eaux d'un lac rencontrent le sol ; les courbes de niveau sont les horizontales de la surface terrestre.

La surface du terrain, parfois nommée *surface topographique,* n'est pas susceptible d'une définition rigoureuse : aussi réserve-t-on ordinairement le nom de *surface topographique* à la surface conventionnelle qu'engendrerait une ligne plane AB, qui glisserait sur des courbes de niveau en restant normale à chacune d'elles.

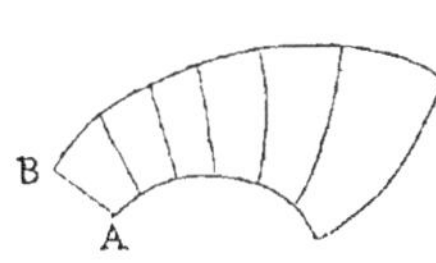

Dans les applications, entre deux courbes de niveau assez rapprochées et à peu près parallèles, on considère la surface topographique comme engendrée par une *droite* qui glisse sur les courbes en restant normale à chacune d'elles.

Dans le tracé des routes, la surface du sol qui doit être attaquée par le déblai ou recouverte par le remblai, est aussi remplacée par une surface conventionnelle (203).

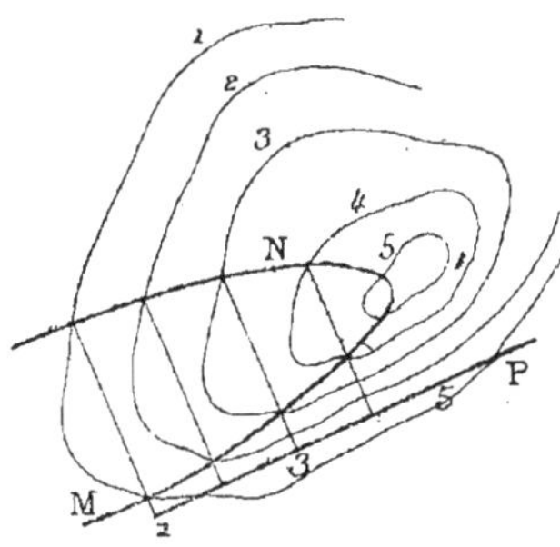

179. Problème. *Trouver l'intersection d'un plan* P *et de la surface topographique définie par les courbes de niveau* 1, 2, 3, *etc.*

On joint deux à deux les points ou les horizontales du plan coupent les lignes de niveau de même cote, et on obtient la courbe MN.

180. Problème. *Déterminer le point d'intersection d'une droite et d'une surface topographique.*

Le plan qui aurait la droite BC pour échelle de pente coupe-

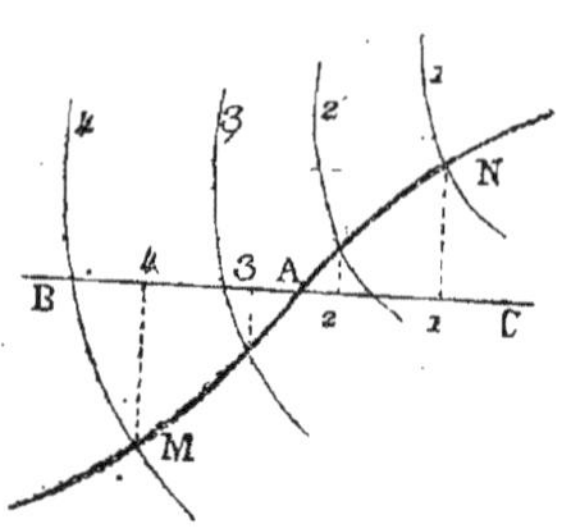

rait la surface donnée suivant MN, donc A est le point d'intersection.

181. Problème. *Joindre deux courbes de niveau par une droite ayant une pente donnée.*

Soient deux courbes ayant m et n pour cotes et AB la droite demandée ayant d pour projection, il faut qu'on ait : $p = \frac{m-n}{d}$ (167), d'où $d = \frac{m-n}{p}$, et d'un point A comme centre; avec la longueur calculée prise à l'échelle graphique, décrivons un arc de cercle; AB et AC répondent à la question; il peut y avoir deux solutions, une seule ou aucune. *Pour avoir la longueur du rayon de l'arc à décrire, il faut diviser la différence des cotes des deux courbes par la pente donnée,* soient $p=0,025$; $m=20$ et $n=15$.

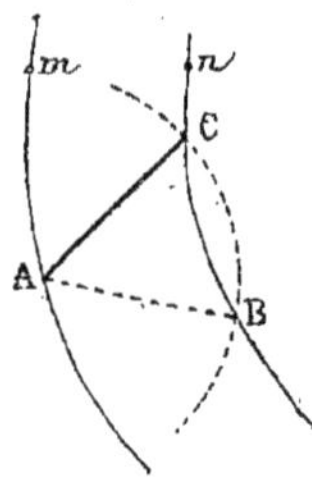

$$d = \frac{20-15}{0,025} = 200 \text{ mètres.}$$

182. *Tracé des courbes de niveau. 1er Moyen.*

Après avoir déterminé les cotes d'un très-grand nombre de points, on joint ceux qui ont même cote par un trait continu. Entre deux points A et B dont les cotes comprennent celle de la courbe à tracer, il faut déterminer le point c; on peut employer le procédé graphique (168).

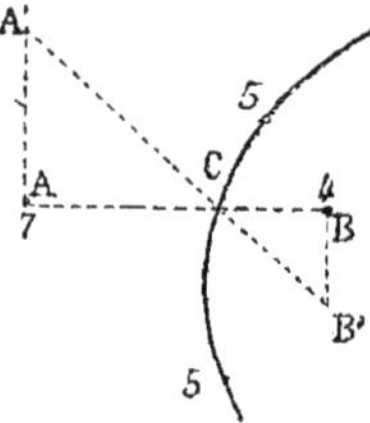

Le nombre des cotes à relever dans les grands travaux est très-considérable lorsqu'on veut indiquer convenablement le relief du sol. Ainsi il s'élève à plus de deux mille pour un seul département du plateau central. Malgré cela, pour tracer les courbes de niveau, il est utile de s'aider de la connaissance directe que l'on peut prendre de la configuration du sol.

Pour lever rapidement un grand nombre de cotes et tracer les courbes de niveau avec une certaine exactitude, on doit niveler les *lignes de faîte* du terrain, celles qui correspondent aux dépressions les plus prononcées, et un certain nombre de lignes de plus grande pente. Lorsque le terrain est peu accidenté, on trouve plus avantageux de niveler une directrice principale et une suite de droites équidistantes, perpendiculaires à la première ligne choisie. Sur chacune de ces lignes on détermine ensuite les points qui ont une cote donnée.

2e *Moyen.* On fait au moins deux nivellements principaux dans deux directions rectangulaires AB, CH; le premier est représenté en A'D'B', et le second en C'D''H'; un troisième nivellement effectué suivant la direction IJ, est représenté en IM'J.

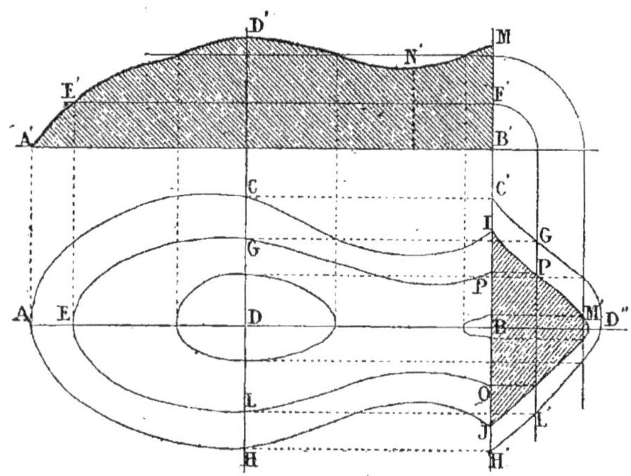

On les coupe par un plan horizontal vu en élévation suivant E'F', et sur le plan du profil rabattu à droite suivant G'L'; le relief du terrain est rencontré en E', ce qui fait connaître la projection horizontale E; le même plan coupe C'D''H' en G' et L', et ces points ont pour projection horizontale G et L; le profil extrême IM'J fournit les points P'Q', et tous les points P, G, E, L, Q, appartiennent à la même courbe; un deuxième plan fournit une autre courbe, etc. Ce procédé donne d'excellents résultats dans les régions accidentées à pente considérable; l'exemple donné se rapporte à un monticule granitique de difficile accès, et pour lequel les procédés suivants auraient été impraticables; on avait en outre déterminé au point N' un nivellement parallèle à CH.

184. 3° *Moyen*. On divise l'espace plan, autour d'une position centrale A, en six ou huit parties égales, puis, le niveau étant mis en station, on mesure la distance de l'horizontale MN au point A', soit $1^m,20$. Si l'on veut établir des courbes à 0,50 de distance verticale, on forme le tableau ci-dessous,

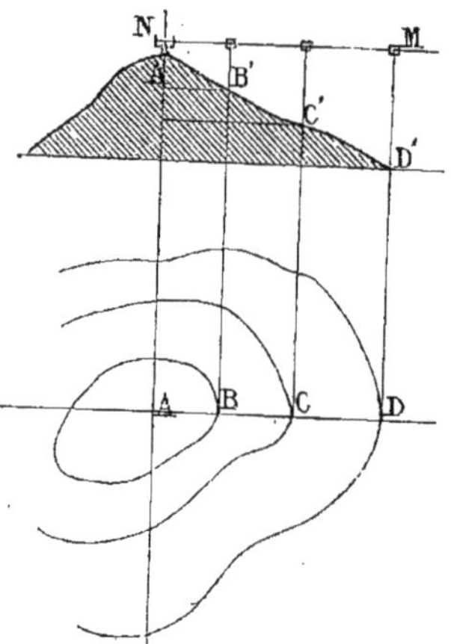

Différence de niveau	Hauteur du voyant
0, »	1,20
0,50	1,70
1, »	2,20
1,50	2,70
2, »	3,20
2,50	3,70

en calculant d'après la longueur de la mire les termes d'une progression par différence ayant $1^m,20$ pour 1er terme et 0,50 pour raison; puis le porte-mire fixant le voyant à 1,70, marche dans la direction AD, jusqu'à ce que le niveleur, par un signe convenu, lui indique que le centre du voyant est sur l'horizontale MN; pendant qu'on chaîne AB, le porte-mire place le voyant à 2,20 et continue sa marche; le point C ayant été déterminé et la distance BC étant chaînée, le voyant est placé à 2,70 pour trouver le point D, etc.; on procède de même pour chaque ligne; lorsque la hauteur 3,70 a été employée et qu'il y a lieu, au point D, par exemple, de prolonger le tracé des courbes, on place le niveau au point D, et suivant les circonstances, ou on se borne à prolonger AC, ou autour de la station on fait un réseau comme au point A.

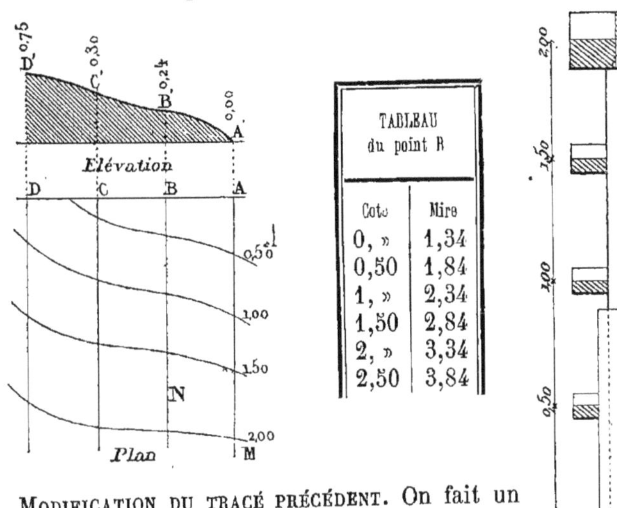

TABLEAU du point B	
Cote	Mire
0, »	1,34
0,50	1,84
1, »	2,34
1,50	2,84
2, »	3,34
2,50	3,84

Modification du tracé précédent. On fait un nivellement principal suivant AD. Admettons qu'on ait pour cotes des divers points 0, 0,24, 0,30, 0,75. En procédant comme ci-dessus, on obtient sur MA, perpendiculaire à AD, les points à 0,50, 1,00, etc., par rapport au point A dont la cote est zéro; puis au point B si le niveau est à une hauteur de 1m,10, comme la cote B=0,24, la hauteur totale de l'horizontale menée par B est à 1,10+0,24=1,34 au-dessus de A, par suite la mire doit marquer 1,34 pour avoir un point ayant zéro pour cote; pour la courbe 0,50, la mire doit donc marquer 1,34+0,50=1,84, et pour le point B on a le tableau ci-dessus; avec ces hauteurs de voyant, on détermine les points de la perpendiculaire BN; on procède d'une manière analogue pour les autres points.

Remarque. Suivant la disposition du terrain on procède par station centrale ou par perpendiculaires presque toujours équidistantes. Quand le terrain est peu accidenté, on opère par ce moyen avec une grande rapidité, surtout lorsqu'on fixe à la mire à coulisse plusieurs voyants équidistants. Ainsi, pour l'exemple du n° 184, on place le zéro de la règle mobile à 1m,20 de la règle divisée; le voyant B correspond à la courbe de 0,50; C, à celle de 1 mètre, etc.

CHAPITRE III

TRACÉ DES ROUTES

§ I. — Niveau de pente.

185. Les *niveaux de pente* sont des instruments qui permettent de diriger le rayon visuel suivant une pente donnée.

Le *niveau de pente de Chézy* est un niveau à bulle d'air dont la règle porte à ses extrémités deux pinnules inégales; chacune d'elles a, sur une même horizontale, une fenêtre rectangulaire à fils croisés et un trou circulaire évidé à l'intérieur tenant lieu d'oculaire, et souvent appelé de ce nom. La plus petite des pinnules peut recevoir un déplacement très-restreint, afin qu'on puisse régler l'instrument; mais cela fait, elle reste fixe.

La plus longue est à jour et porte un châssis AB qu'on peut

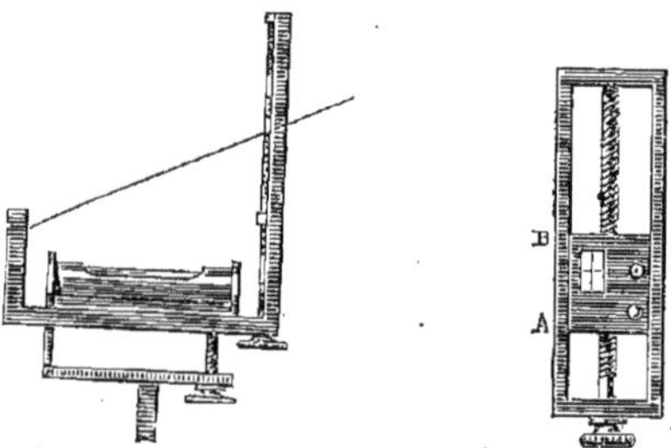

faire mouvoir directement ou à l'aide d'une vis de rappel, un des côtés du cadre que la pinnule forme est gradué en fonction de la pente. Pour régler le niveau, on fait correspondre le zéro du châssis à celui de l'échelle, puis, la bulle étant placée entre ses repères, on vise un point éloigné ou une mire; après une rotation de 180° de l'instrument autour de son axe vertical, il faut, en ramenant la bulle entre ses repères, que le rayon visuel rencontre le même point, et, jusqu'à ce qu'on obtienne ce résultat, on modifie la hauteur du point de visée de la petite pinnule. Pour tracer l'échelle, il faut diviser h, différence des hauteurs des deux oculaires, par d, distance des pinnules (167); d égale ordinairement 30 centimètres; la hauteur qui correspond à un millimètre est donnée par $\frac{h}{0,30}=0,001$; d'où $h=0,30\times 0,001=0,0003$; on ne marque les divisions que de 5 en 5, soit à un millimètre et demi de distance; un vernier porté par le châssis permet d'évaluer les pentes intermédiaires (51).

186. Problème. *A l'aide du niveau de Chézy, déterminer la pente d'une route.*

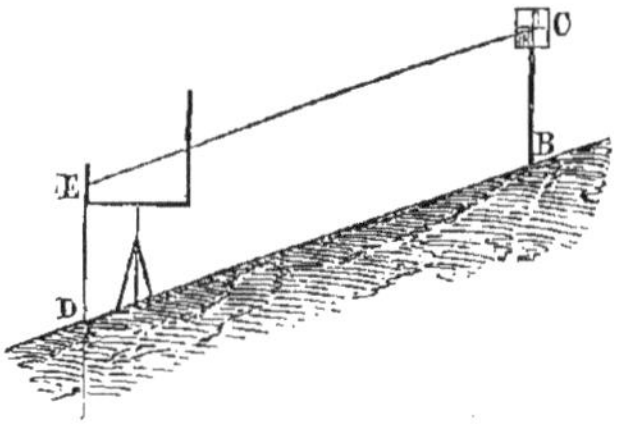

Le niveau étant placé dans la direction voulue, on fixe le voyant à une hauteur CB égale à la distance ED de l'oculaire au sol, et l'on élève le châssis jusqu'à ce que le point de croisement des fils se trouve sur le rayon visuel qui va à la mire, puis on lit l'inclinaison sur la graduation.

187. Problème. *Sur le terrain, déterminer un point tel que la droite qui le joint au pied du niveau ait une pente donnée.*

On dispose le voyant comme précédemment, et l'aide, placé à une certaine distance, appuie la partie inférieure de la mire sur le sol; il s'avance ou s'éloigne, marche vers la droite ou vers la gauche, jusqu'à ce qu'un signe de l'opérateur lui fasse connaître que le rayon visuel rencontre le centre du voyant. S'il est nécessaire, on fait tourner le niveau autour de son axe vertical, afin de mettre l'instrument dans la direction de la mire. En plaçant le niveau au point ainsi obtenu, on peut déterminer une seconde ligne, puis une troisième, etc., l'ensemble constitue une ligne brisée à pente uniforme.

On procède ainsi lorsqu'il faut tracer une ligne sur le flanc d'un coteau dont la pente est plus considérable que celle que doit avoir la ligne demandée.

188. **Problème.** *Déterminer la distance verticale d'un point donné* M *à une droite dont la pente est connue.*

Soit AC la ligne à pente connue et M un point situé dans le plan vertical de cette droite; au point B plaçons le niveau réglé d'après la pente de AC; deux cas peuvent se présenter: 1° MD est <AB; la différence =MC, il faudrait creuser de la quantité

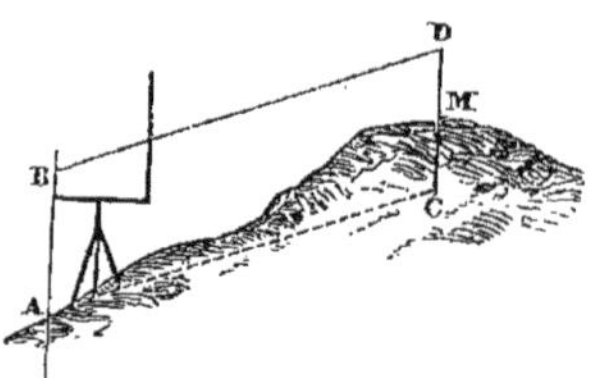

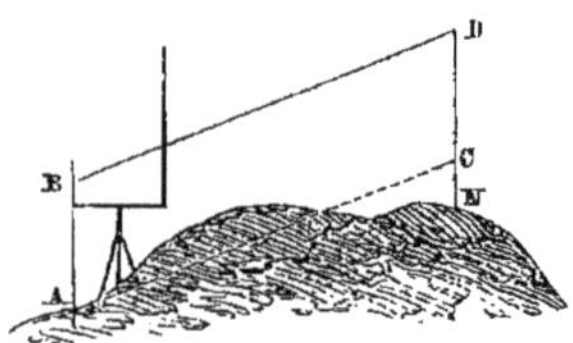

tité MC pour atteindre la ligne à pente donnée; 2° si la cote DN lue sur la mire est >AB, la différence CN est la quantité dont il faudrait élever le point N pour qu'il pût appartenir à la droite.

§ II. — Principes généraux pour le tracé des routes.

189. Les considérations qui fixent la direction générale d'une voie quelconque de communication et les points principaux où elle doit passer sont presque toujours complétement étrangères à l'art du tracé. On a donc des *points obligés* plus ou moins rapprochés à réunir par une route ou un canal.

Avant tout il faut tracer l'*axe de la voie*, c'est-à-dire la ligne qui doit être à égale distance des deux côtés.

L'axe est composé de parties droites BC, DE, raccordées par des courbes; ces lignes sont parfois horizontales et tantôt inclinées à l'horizon.

Pour l'étude des pentes, on trace une horizontale *abd* égale à la projection horizontale ABD rectifiée; *abd* représente le plan de comparaison (139); on prend des ordonnées *aa'*, *bb'*, etc., égales aux cotes des divers points A, B, etc.; et *a'b'd'* représente l'axe de la voie.

Lorsqu'on parcourt l'axe dans une direction convenue, on dit que la route est en *pente*, si l'axe *g'h'* s'abaisse par rapport à l'horizontale du point de départ; en *palier*, si une partie *h't* est horizontale; en *rampe*, si l'axe *tm'* s'élève par rapport à l'horizontale : *pente* et *rampe* sont des mots relatifs qui dépendent de la direction choisie, et les opérations sont les mêmes. Dans tous les cas, la longueur d'une route *a'b'd'* est la longueur *ad*=AD de la projection horizontale de l'axe.

D'après le dessin donné, emprunté à un projet de raccordement des lignes de Langres à Dijon et de Paris à Lyon par la

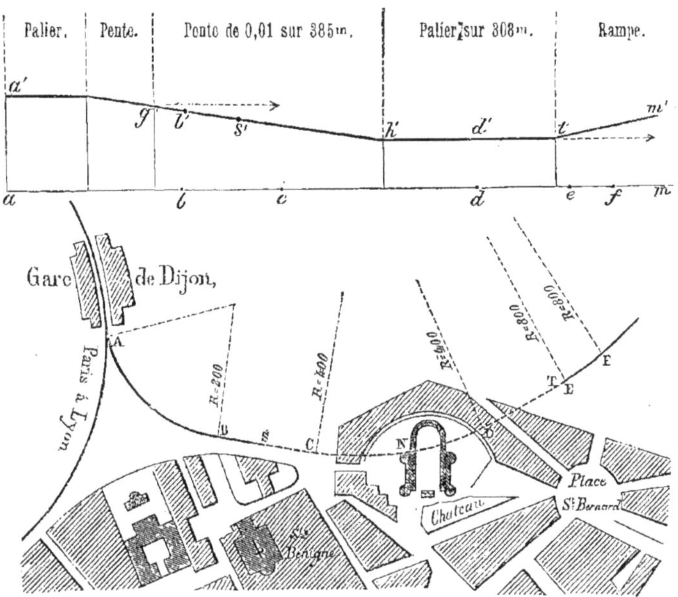

Bourgogne, on voit que la partie rectiligne BC et la partie curviligne CN ont même pente; puis la courbe ND et la droite DE sont en palier, tandis que EF est en rampe; l'axe est souterrain entre S et T.

Pour le tracé, une route est considérée comme engendrée par une droite horizontale de longueur donnée, et qui glisse le long de l'axe en restant constamment *normale à cette ligne droite ou courbe, horizontale ou inclinée;* le milieu de la génératrice doit se trouver sur la directrice. — La surface engendrée est la *plate-forme* de la voie.

Une route est en *remblai* lorsque la plate-forme est au-dessus du sol, et en *déblai* dans le cas contraire. — L'*axe à zéro* est celui qui est sur le sol même; dans ce cas, en plaine, il n'y a ni remblai ni déblai; sur le flanc des coteaux, d'un côté de l'axe, la route est en déblai, et de l'autre, en remblai.

Entre deux points obligés, la position de l'axe dépend de la pente qu'on peut tolérer, des déblais et remblais qu'on peut accepter, des œuvres d'art, tels que ponts, viaducs, etc., que l'on cherche plus ou moins à éviter, d'après la nature de la voie. En se tenant dans les limites indiquées, entre divers tracés possibles, on donne la préférence à celui qui nécessite les travaux les moins coûteux; un simple déplacement d'axe de quelques mètres, fait éviter parfois de grands mouvements de terre.

Sous ces divers points de vue, il faut considérer d'une part: les *routes* et les *chemins ordinaires*, que nous comprendrons sous la dénomination générale de *travaux des ponts et chaussées*, bien que les chemins vicinaux aient un personnel spécial, et de l'autre, les *chemins de fer*.

190. Routes et chemins vicinaux. Dans les contrées montagneuses, les pentes et les rampes peuvent atteindre par mètre le maximum suivant, exprimé en centimètres :

	Dans les cas ordinaires.	Dans les difficultés exceptionnelles.
Route	5	6
Grande communication . .	6	7
Chemin d'intérêt commun .	7	8
Chemin vicinal	8	10

Le minimum des courbes de raccordement et la nature de ces courbes ne sont point fixés; dans les chemins vicinaux surtout, il faut éviter les travaux d'art, toujours trop coûteux, et les grands mouvements de terre; on cherche autant que possible à tracer des axes à zéro (189). Le niveau de pente est d'un emploi continuel; on opère comme au n° 187, et lorsque, pour éviter un refouillement trop minutieux des plis de terrain, on accepte en quelques points un chemin en déblai ou en remblai sur l'axe, on détermine, à l'aide du n° 188, la différence des cotes de l'axe et du sol aux points correspondants C et M.

191. Voies ferrées. Dans les chemins de fer, on n'emploie que l'arc de cercle comme courbe de raccordement; deux arcs

de sens contraire sont toujours séparés par une partie rectiligne ayant de 80 à 100 mètres au minimum, suivant les lignes; le tracé de l'axe est principalement subordonné à la pente et au rayon minimum tolérés; ces deux quantités varient suivant les compagnies et les difficultés que présentent les contrées traversées.

Sur la ligne de Paris à Tours par Vendôme, les pentes ne dépassent pas $0^m,006$, et le plus petit rayon a 600 mètres. La traversée du plateau central offrant de grandes difficultés; le minimum des rayons est descendu à 300 mètres, et même à 250 mètres sur la ligne d'Alais; la ligne de Clermont à Tulle doit gravir la chaîne des monts Domes par un développement de 30 kilomètres, avec pente de $0^m,025$. Pour passer du bassin de la Loire dans celui de la Gironde, au travers du cirque de soulèvement du Cantal, la ligne d'Arvant à Toulouse a des pentes de $0^m,030$, sur un parcours de 24 kilomètres; enfin, pour traverser la vallée très-encaissée du Tarn, la ligne de Rodez à Montpellier en présente de 0,033. Ces pentes exceptionnelles facilitent le tracé, mais elles exigent un matériel spécial d'exploitation.

Le choix de la direction générale à donner à une grande voie de communication, dont les extrémités sont seules imposées, est singulièrement facilité par la grande carte de l'état-major : ce n'est qu'après un examen d'ensemble fait à l'aide des courbes de niveau et des altitudes marquées, que l'on procède à une reconnaissance sur le terrain, et que l'on dresse un ou plusieurs avant-projets; et lorsque les principaux points sont arrêtés, divers opérateurs procèdent, d'une station à la suivante, au tracé définitif.

192. Minimum de longueur de la voie entre deux points donnés.

Soit h la différence des cotes de deux points, d la longueur horizontale de la voie à la pente donnée p (188); puisqu'on a (167) $p=\frac{h}{d}$, on en déduit $d=\frac{h}{p}$. Si $h=200$ mèt. et $p=0,025$, $d=8000$ mèt.; ce cas se rapporte au plan du n° 88, c'est un des tracés les plus difficiles que l'on puisse rencontrer.

Puis, suivant une ligne d'opération ayant la longueur voulue, on procède au tracé des alignements; le point D de rencontre de deux droites est marqué par une *balise* (perche servant de jalon). On mesure l'angle des deux lignes; on marque aussi les points où la courbe doit se raccorder avec les alignements.

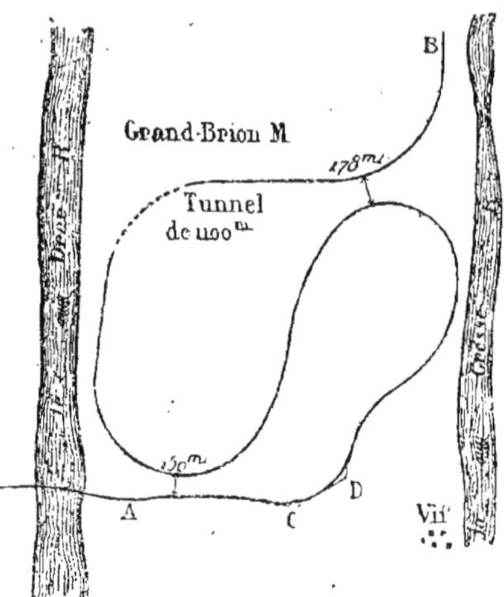

Dans bien des cas, surtout dans les contrées accidentées, lorsqu'il faut suivre, par exemple, la direction d'une vallée encaissée, on procède comme il suit : à partir d'un point obligé A, on trace un alignement AB, puis un arc de cercle BCD ayant au moins le rayon minimum toléré, et à un point C choisi convenablement sur l'axe de cercle, on mène une tangente CE ayant au moins la longueur réglementaire (191); puis au point E on choisit un arc de cercle EFG; d'après la disposition des lieux on choisit le point F, où un alignement doit succéder

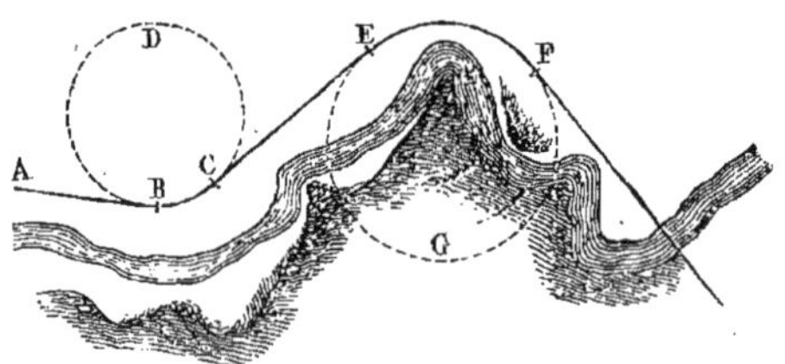

à la courbe; on marche ainsi toujours en avant dans la direction imposée : aussi on a continuellement à résoudre le problème du n° 195.

§ III. — Tracé des alignements.

193. Prolongement d'un alignement au delà d'un obstacle. Soit à prolonger au delà d'une chaîne de montagnes, l'alignement représenté en projection horizontale par BD, et en projection verticale par B'D', par exemple, afin de déterminer la

direction d'un chemin de fer à la suite d'un tunnel, et de fournir les éléments nécessaires pour le tracé de la galerie.

On place le théodolite au point B (61) aussi exactement que possible (62), on vise le point D de l'alignement, et autour de

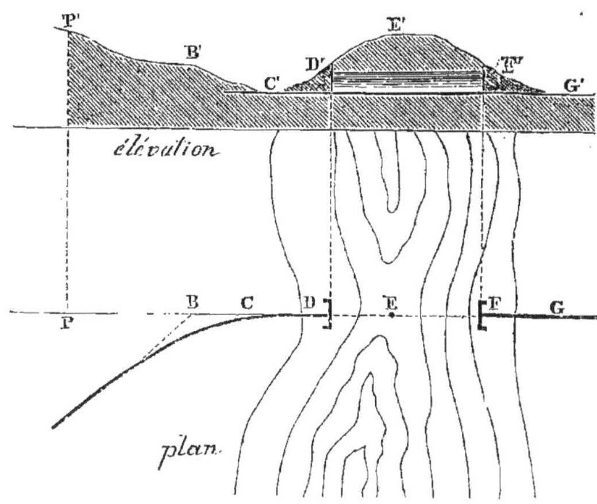

l'axe vertical, décrivant un angle de 180°, on détermine un point P assez élevé pour que, de cette position, il soit possible d'apercevoir le sommet E du plateau; le théodolite est transporté au point P, la lunette plongeante est dirigée vers le point B, et si le plan vertical qu'elle décrit passe par le point D, l'opération est bonne, et en faisant basculer plus ou moins cette lunette, on détermine autant de points que l'on veut, ainsi que le point culminant E; puis on se rend à ce dernier point, et D, C, B, P doivent être dans le même plan de visée; alors, faisant décrire un arc de 180° à la partie supérieure de l'instrument autour de l'axe vertical, on détermine une suite de points sur le deuxième versant. C'est ainsi qu'on a procédé pour le tracé de l'alignement extérieur du tunnel de Fix, long de 2170 mètres, sur la ligne de Saint-Étienne à Arvant. La détermination de l'axe intérieur est une opération encore plus délicate.

194. Détermination de l'axe d'un tunnel. Lorsque l'alignement représenté en BEF, B'E'F' est déterminé à l'aide des directions BD, GF, on peut attaquer la galerie par les deux bouts; mais, pour que le travail soit fait dans un temps relativement restreint, on échelonne des puits de distance en distance entre les

deux têtes. Ces puits (au nombre de cinq, et distants de 8 mètres de l'axe du chemin de fer, dans l'exemple cité) sont creusés jusqu'à la cote correspondante de la *plate-forme* de la voie ferrée, et permettent de pratiquer des galeries transversales dirigées vers l'axe de la voie. Ce travail fait, on trace à l'ouverture du puits une ligne xy passant par le centre et parallèle à l'axe du chemin de fer : cette opération doit être faite avec beaucoup de soin. On applique suivant xy une règle bien dressée, à laquelle on suspend deux fils à plomb allant jusqu'au fond du puits, on détermine ainsi au fond de l'excavation une droite qui n'est autre chose que la projection horizontale de xy; sur cette

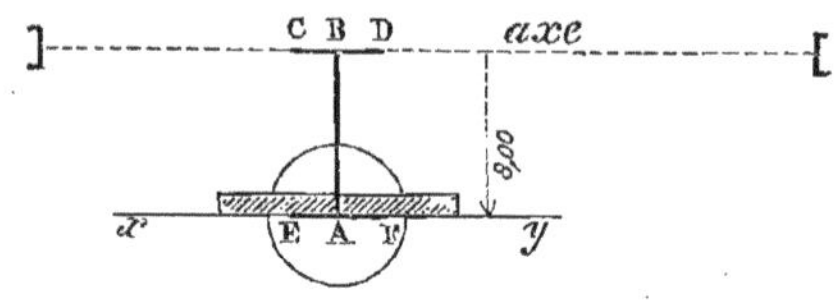

droite, on élève une perpendiculaire de 8 mètres, et on obtient un point de l'axe; en élevant CD perpendiculairement à AB, on a la direction d'une galerie longitudinale qui doit aller rencontrer celle des têtes du souterrain. Dans l'exemple cité, pour élever ces diverses perpendiculaires, on s'est servi d'une équerre en acier CDEF à double branche.

§ IV. — Tracé des courbes.

195. Problème. *Décrire un arc de cercle tangent à une droite, en un point donné.*

Le problème est indéterminé, on a souvent recours au procédé suivant :

Tracé par les cordes égales. Après avoir mené les cordes égales AB, BC et prolongé ces lignes, du point C on abaisse la perpendiculaire CE sur AB. On chaîne BE, soit 10^m, cette longueur; on prolonge BC de 10 mètres, et on élève la perpendiculaire MD égale à CE. D appartient à l'arc ABC, etc. On a fait l'application de ce tracé aux tunnels de *Rigny* et de *Crêts*, sur la ligne de Roanne à Lyon par Tarare.

Remarque. Si l'angle ABC est pris à volonté, on a, pour calculer le rayon BO, la relation suivante :

$$PB = BO \cos PBO, \quad \text{d'où} \quad BO = \frac{\frac{1}{2}AB}{\cos\left(\frac{1}{2}ABC\right)}.$$

Si l'on se donne le rayon, on trouve : $\cos \frac{1}{2} ABC = \frac{\frac{1}{2}AB}{BO}$, etc.

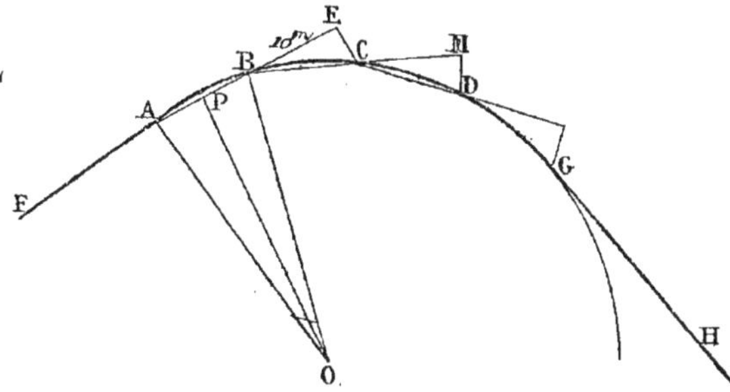

On peut aussi calculer BE et EC. Souvent on se donne le rayon; dans ce cas on peut construire la courbe au moyen des ordonnées sur la tangente (105).

RACCORDEMENT A TANGENTES ÉGALES.

196. PROBLÈME. *Raccorder deux alignements par une courbe tangente à ces droites en des points également éloignés du point de concours de ces alignements.*

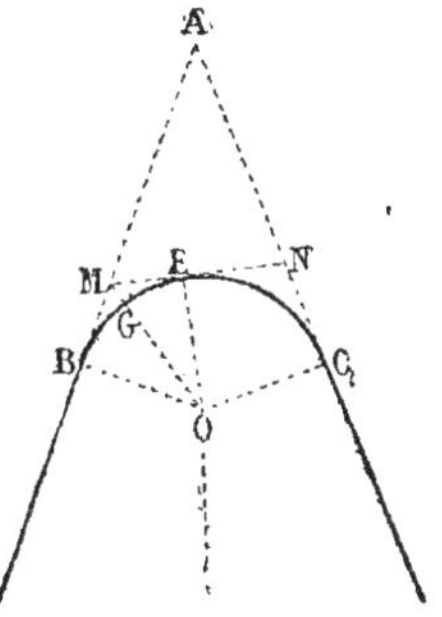

On emploie un arc de cercle tangent aux droites, aux points B et C : on a recours aux ordonnées sur la tangente (105) ou aux ordonnées qui donnent des points équidistants sur la courbe (106).

REMARQUE. Lorsque les ordonnées sont longues et que le mesurage en devient difficile, on trace une ou plusieurs sous-tangentes; pour MN, par exemple, on place le théodolite au point M; puis, ayant fait l'angle OMN égal à OMB, on prend ME égale à MB. On utilise chaque tangente BM, EM, etc., pour mener des ordonnées; mais on peut aussi se borner à déterminer les points de contact et les points tels que G. On procède alors comme il suit :

197. Tracé par tangentes successives.

Soit un tunnel dont les têtes sont A et B, et le point O le centre de la courbe.

On mène la tangente AC, sur cette ligne on prend une longueur AC égale à 20 mètres, par exemple; au point C, à l'aide du théodolite, on fait l'angle OCD égal à OCA: d'ailleurs cet angle est facile à calculer, puisqu'on se donne la longueur AC, et que le rayon est connu; on prend CD=CA; D appartient à la courbé, puis DE=DC, et on procède au point E comme au point C; généralement l'angle FOB qui reste est différent de AOD; mais on peut le calculer, puisque AOB est connu; on détermine donc la longueur qu'il faut donner à la tangente FG.

Les points H, I, J sont donnés par le calcul (105).

Le tunnel de Saint-Étienne d'Allier, sur la ligne de Brioude à Alais, a été fait ainsi.

Raccordement a tangentes inégales.

198. Problème. *Raccorder deux alignements en des points inégalement éloignés du point de concours des deux droites.*

On peut employer une parabole tangente aux droites à raccorder, aux points donnés A et B.

1er *Procédé.* On joint le sommet S au point C, milieu de la

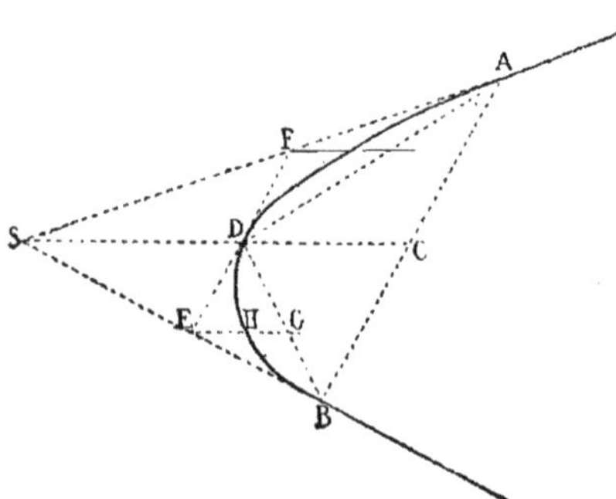

corde AB; le point D, milieu de SC, appartient à la courbe (*Géométrie*, F. P. B., 560); la ligne FE, qui joint les milieux de SA, SB, est tangente et passe au point D; on peut donc déterminer un nouveau point H en prenant le milieu de la droite EG, qui joint le point E au milieu de BD, etc.

2e *Procédé.* On divise AS en parties égales, 4, par exemple; on divise BS en un même nombre de parties; on joint deux à deux les points qui ont le même numéro d'ordre; les lignes obtenues déterminent, en se coupant, des points qui sont d'autant

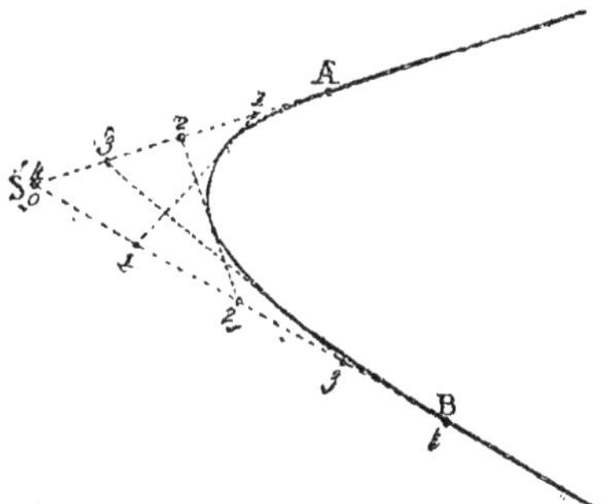

plus rapprochés de la parabole demandée, que les droites AS, BS ont été divisées en un plus grand nombre de parties (*Géométrie*, 559).

Remarque. Les raccordements paraboliques sont rarement employés dans les travaux importants; ils sont proscrits dans les chemins de fer.

199. *Raccordement à tangentes inégales au moyen de deux arcs de cercle.*

Sur les droites données, aux points A et C, on élève des perpendiculaires; on prend à volonté un petit rayon CE; on porte cette grandeur de A en F; la perpendiculaire élevée au milieu de EF fait connaître le centre G du grand arc.

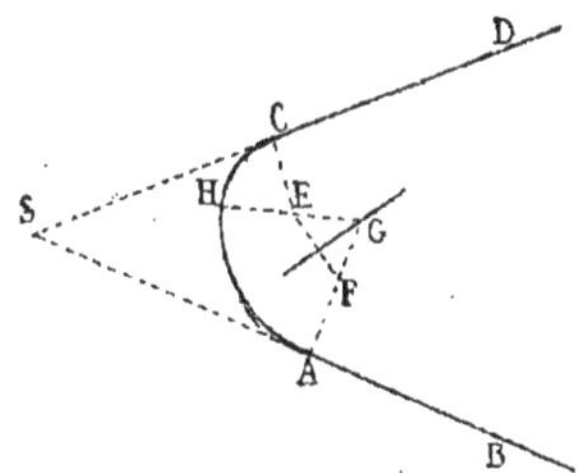

On détermine le point H et chaque arc CH, AH se construit à l'aide d'un des moyens indiqués (104, 105, 106 ou 195, 197).

200. Piquetage de la voie. Avec le *ruban d'acier* on mesure sur l'axe les distances de 100 mètres que l'on indique par des piquets hectométriques, et les kilomètres ont une marque spéciale. Pour chaîner les parties courbes, on procède comme il suit; d'après le rayon, on calcule l'angle α qui correspond à un arc de 100 mètres, puis le sinus BP de cet angle, cette longueur est portée sur la tangente AC, une ordonnée CB égale à (R—OP) ou $R(1-\cos\alpha)$ fait connaître le point B; on continue d'une manière analogue.

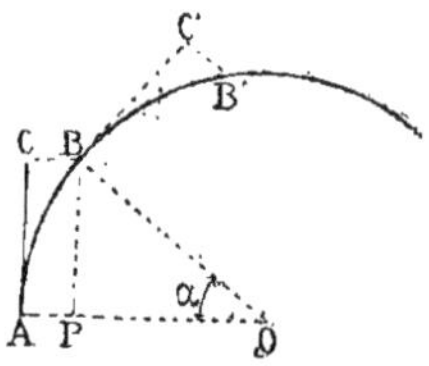

Remarque. Plusieurs opérateurs se bornent à tracer sur le terrain des points de la courbe, séparés l'un de l'autre par un arc de 10 mètres (106), le chaînage est ainsi naturellement effectué. Aussi divers procédés sont-ils controversés, et les opérateurs les plus habiles sont ceux qui savent faire un emploi judicieux des diverses méthodes d'après les cas qui se présentent.

§ V. — Des profils.

201. Le *profil en long* d'une voie est le développement de la surface cylindrique verticale menée par l'axe.

Dans ces développements, les parties curvilignes de la route ne sont pas distinguées des parties rectilignes; le profil en long fait connaître l'intersection du sol par la surface cylindrique et la position de l'axe par rapport à la ligne du terrain naturel.

Le *profil en long* se fait à l'aide de deux échelles différentes : afin que le relief du sol soit plus accusé, on prend pour unité de hauteur une valeur quintuple ou même décuple de l'unité choisie pour représenter la longueur. Dans les travaux du Paris-Lyon-Méditerranée on emploie l'échelle de 0,001 pour les longueurs, et celle de 0,005 pour les hauteurs. Le chemin de fer de Paris à Tours, où les accidents du terrain sont peu saillants, est à 0,0002 pour les longueurs, et 0,002 pour les hauteurs; l'exemple que nous donnons, pris non loin de Millau, ligne de Rodez à Montpellier, est aux échelles de 0,0005 et 0,005. Les ordonnées de l'axe telles que 699,757 sont nommées *cotes rouges*, parce qu'on les inscrit au carmin; celles du terrain telles que 697,948 sont les *cotes noires;* la différence des ordonnées ou 1,81 s'inscrit au carmin; parfois on la nomme *cote de remblai;* 1,60 est une *cote de déblai.*

N° 201.

Communes traversées (environs de Millau)
Courbes et Alignements Courbe 290,97 R. 300m Alignement 101.
Paliers, pentes et rampes Pente de 0,0333 sur 1100m
Localités traversées ou à proximité du tracé
PROFIL EN LONG.
Ligne de Rodez à Montpellier
0,0005 pour les longr 0,006 pour les hautr
Niveau de la mer relevé de (690m)
Ordonnées du terrain
Ordonnées des terrassements
Distances entre les profils
Distances cumulées
Numéros des profils
d e d c 241 a d c dT e242a b cdcf
Gravé par Erhard
Imp. Monrocq

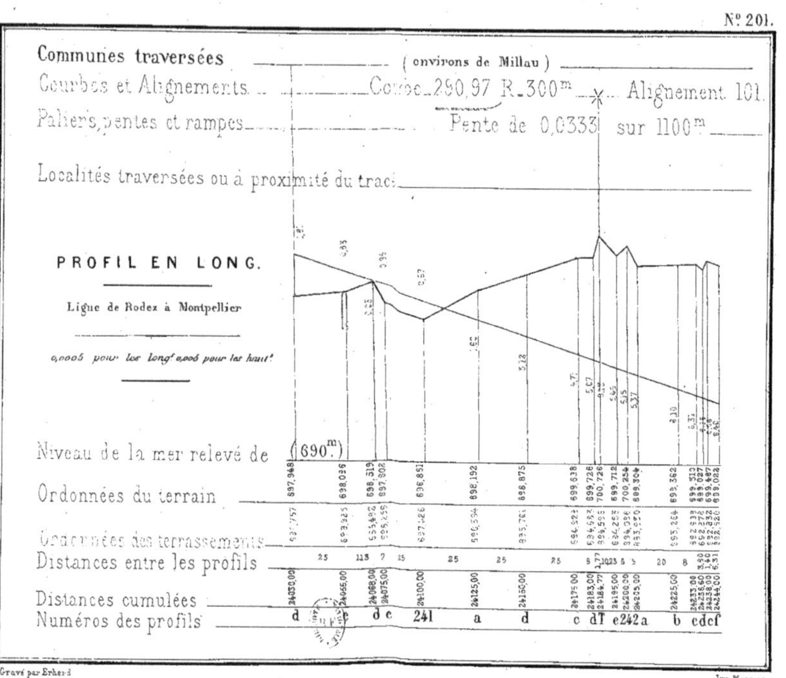

202. Les *profils en travers* sont des sections faites de distance en distance par des plans normaux à l'axe; ils font connaître la ligne du sol, la ligne qui correspond à la plate-forme, et la position respective de ces deux lignes; ils indiquent en outre l'inclinaison des *talus* ou *remblais* et des *déblais*.

Dans tous les travaux, les profils en travers sont généralement levés à l'aide du niveau d'eau; on peut néanmoins employer le *niveau à perpendicule* (140). Dans ce cas, on le place sur une règle de 2 mètres de long, dont une des extrémités est munie d'une règle graduée verticale, qu'on peut élever ou abaisser; avec cet instrument on opère rapidement; il est très-bon pour les reconnaissances, et rend aussi des services lorsqu'il y a de fortes déclivités et que le travail n'exige pas de précision; aussi, dans les régions montagneuses, l'administration des ponts et chaussées l'emploie fréquemment.

203. Pour le tracé des routes, lorsque l'axe est arrêté, on remplace la surface du sol par la surface conventionnelle qu'engendrerait une droite qui s'appuierait sur deux profils en travers consécutifs, en restant parallèle au plan vertical mené par l'axe : la surface gauche ainsi engendrée est telle que tout plan vertical parallèle ou perpendiculaire à l'axe donne une droite pour intersection, lorsque dans la partie considérée les profils en travers sont limités par des droites. Dans les parties courbes de la voie, la parallèle au plan vertical mené par l'axe est remplacée par une hélice qui s'appuie constamment sur les deux profils en travers, et qui appartient à un cylindre concentrique au cylindre vertical qu'on mènerait par l'axe; tout plan vertical mené par le centre de la projection horizontale de la partie curviligne coupe la surface engendrée suivant une droite; dans les applications, les deux cas ci-dessus sont traités par la même méthode; car on considère le plan vertical ou le cylindre conduits par l'axe comme développés sur une même surface plane.

204. Les *profils en travers* étant très-nombreux dans le tracé des chemins de fer, sont dessinés à part; un numéro ou une lettre indique à quel point du profil en long ils se rapportent, et souvent les fossés de la voie n'y sont pas indiqués, parce que leur section est ordinairement constante pour une région donnée; les cotes ou ordonnées sont rapportées au plan général de comparaison.

On ne connaît directement que les cotes des points B, C, D; elles indiquent le relief du sol; le point A est donné par le profil en long; la plate-forme EI pour une ligne à une voie (ligne de

Grenoble à Gap) doit avoir $7^{m},20$, soit 3,60 à droite et à gauche

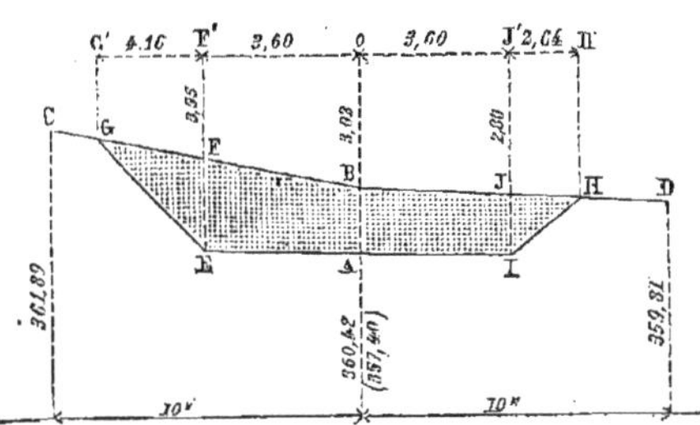

de l'axe, on calcule directement les pentes de CB et de BD,

$$p = \frac{361,89 - 360,42}{10} = 0,147;$$

puis on calcule EF.

Or la formule (h) n° 171 donne :

$$EF = AB + AE \times p = 3,02 + 3,6 \times 0,147 = 3,5492,$$

soit 3,55; de même IJ formule $(f) = 2,80$. Ensuite, il faut déterminer à quelle distance de EF se coupent FG, dont la pente $= 0,147$, et EG ligne de déblai à 45° ou $p = 1$; les pentes étant de même sens, on a (n° 173), formule (k), $F'G' = \frac{m - m'}{p - p'}$, en prenant l'origine en F, la cote de ce point est nulle, on a : $F'G' = \frac{3,55 - 0}{1 - 0,147} = 4^{m},16$; pour H, il faut la formule $(l) = \frac{m - m'}{p + p'}$, parce que les pentes sont de sens contraire. Pour un remblai, la pente 1 aurait été remplacée par $\frac{2}{3}$ dans les cas ordinaires.

205. Les distances OG', OH', reportées de part et d'autre de l'axe sur le plan parcellaire, indiquent les points d'attaque du sol, ou, suivant l'expression usitée, la largeur *d'emprise;* et quand c'est un remblai, les points où vient finir le talus : aussi G et H sont-ils nommés *points de passage.*

206. Ligne de passage. Dans les ponts et chaussées on place parfois les profils en travers au-dessous du profil en long; le point M du terrain qui se trouve à l'intersection des plans verticaux rectangulaires du profil en long et du profil en travers, a zéro pour cote; les autres points du terrain tels que N, sont rapportés à MA; cette ligne AB représente le plan de comparaison du profil en travers; on prend vers la droite la grandeur

PROFILS

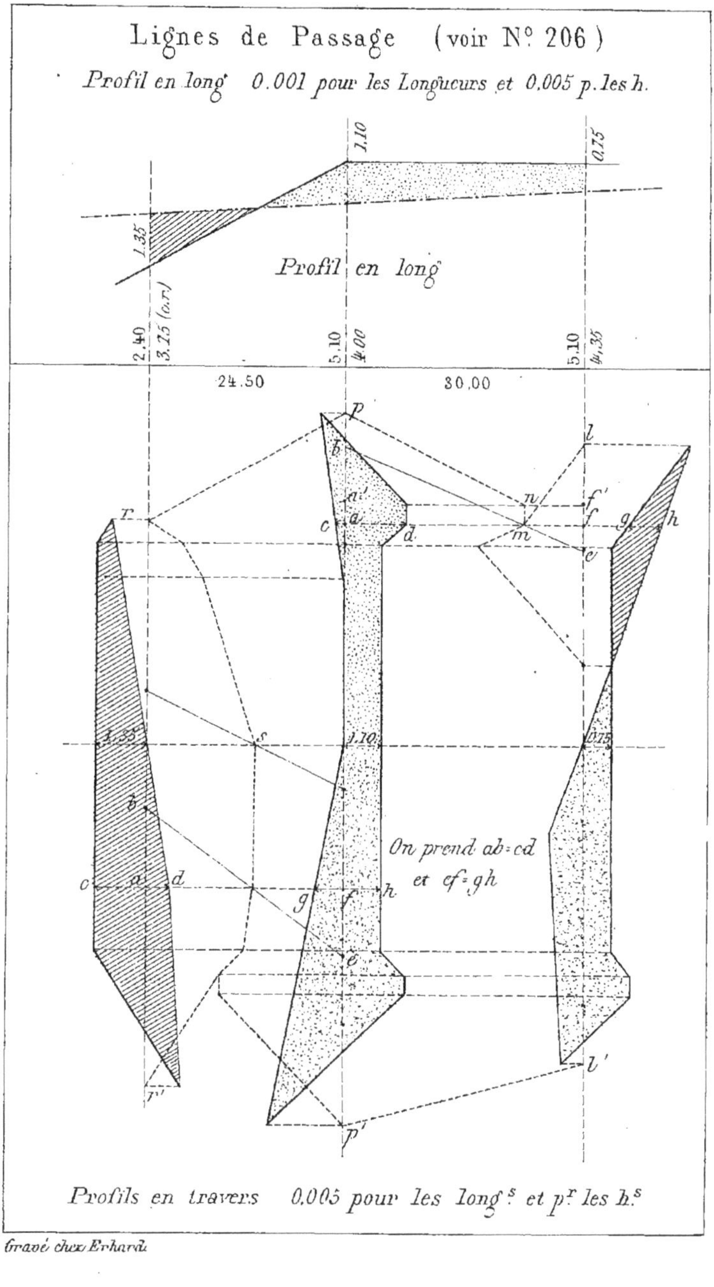

Lignes de Passage (voir N° 206)

Profil en long 0.001 pour les Longueurs et 0,005 p. les h.

Profil en long

On prend ab = cd et ef = gh

Profils en travers 0,005 pour les long.s et p.r les h.s

Gravé chez Erhard.

MO égale à la cote M'O' de déblai (201), et la ligne Gg parallèle

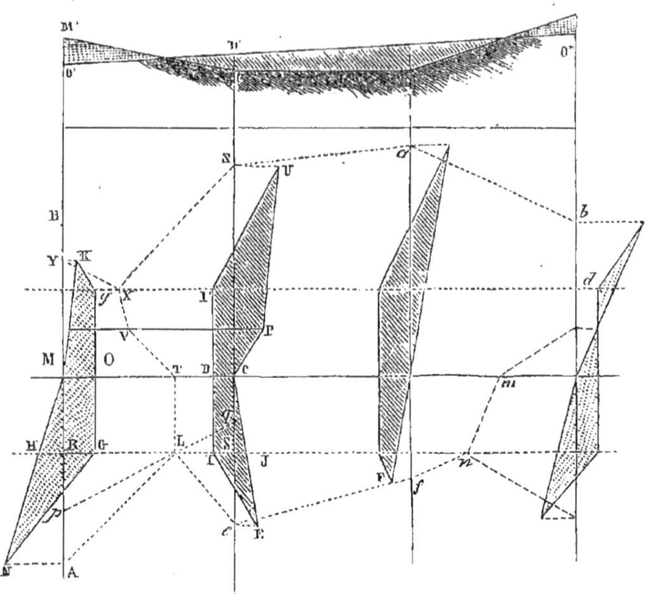

à AB, et égale à la largeur de la route, représente la plate-forme; KMN indique le relief du sol; par les points g et G on mène les droites gK, GN, plus ou moins inclinées selon la nature du terrain (207), MNGgK est la section du déblai. La cote C'D' de remblai se porte vers la gauche de C en D; II' est la plate-forme; ECPU la ligne du terrain; IE et I'U, les droites qui indiquent la pente du remblai (207).

On appelle *ligne de passage* la ligne suivant laquelle le terrain est rencontré par la plate-forme et par les surfaces inclinées constituant les faces latérales de la route; ainsi les points E et F appartenant à deux remblais consécutifs, on projette ces points sur leurs axes respectifs, et la droite *ef* est une ligne de passage; entre deux profils tels que M et C de nature différente, et par tous les points tels que E, C, P, où les lignes du sol présentent des changements de direction, il faut mener des parallèles à l'axe et diviser l'entre-profil, c'est-à-dire la distance entre deux profils consécutifs, en parties proportionnelles aux cotes de déblai et de remblai; ainsi pour déterminer le point L où le remblai succède au déblai, on écrit :

$$\frac{LR}{LS}=\frac{HG}{IJ}\,; \quad \frac{LR}{LS+LR}=\frac{HG}{IJ+HG}\,; \quad \text{d'où } LR=\frac{HG\times RS}{IJ+HG}\,;$$

de même on doit avoir $\frac{MT}{CT}=\frac{MO}{CD}$; on détermine d'une manière analogue les points V, X; Y est la projection de K, le contour ALTVXY est la ligne de passage où finit le déblai, et *e*LTVXZ celle où commence le remblai; LTVX est l'intersection du sol par la plate-forme; enfin, sauf suivant *bd*, on peut dire que le remblai est complétement limité par la ligne brisée *dmnfe*LTVXZ*ab*.

Pour déterminer graphiquement les points de passage tels que L, on prend R*p*=HG, S*q*=IJ, et l'on joint les points *p* et *q*.

Remarque. La plate-forme et les plans inclinés qui limitent la route, rencontrent généralement la surface conventionnelle définie au n° 203, suivant une suite de courbes, mais on remplace toujours les parties curvilignes par les droites AL, LT, etc.

Dans l'exemple donné à la planche du n° 55, les fossés sont figurés : les trois profils se rapportent à une route de 10 mètres de large. On divise l'entre-profil *af* en parties directement proportionnelles à *cd* et *gh*. Ordinairement on ne cherche pas le point de passage sur *a'f'*; mais par le point *m*, on mène la perpendiculaire *mn*, et l'on joint les points *p*, *n* et *m*, *l*.

La détermination des points *l*, *p*, *r*, *l'*, *p'*, *r'*, est très-importante, parce qu'elle détermine la largeur d'*emprise;* mais la connaissance des autres points des lignes de passage n'offre pas la même utilité; aussi, dans les chemins de fer, on ne s'occupe point de la recherche des lignes telles que *rsr'*.

207. Les remblais sont désignés par une fraction qui a pour numérateur la base, et pour dénominateur la hauteur; c'est donc l'*inverse* de la pente; ainsi on dit remblai à $\frac{3}{2}$ ou à un et demi de base pour un de hauteur; les quarts de cône qui terminent les remblais aux abords des ponts sont souvent à $\frac{5}{4}$, c'est-à-dire que la hauteur du talus n'est que les $\frac{4}{5}$ de la projection horizontale de la génératrice.

Dans les terrains de moyenne consistance, les déblais sont à 45°, ou un pour un; mais, dans les terrains résistants, la ligne se rapproche de la verticale.

§ VI. — Cubature des terrasses.

208. Pour avoir le volume des déblais et des remblais, il faut évaluer l'aire de chaque profil en travers.

La plupart des bureaux de tracé de chemins de fer emploient exclusivement, au moins comme règlement de compte, la décomposition du profil en trapèzes et triangles rectangles. Ainsi, nº 204, il faut calculer la distance des points G et H à l'axe, puis dresser le tableau ci-contre :

Triangle	$\frac{3{,}55 \times 4{,}16}{2}$	$= 7{,}38$
Trapèze	$\frac{3{,}55 + 3{,}02}{2} \times 3{,}60$	$= 11{,}83$
Id.	$\frac{3{,}02 + 2{,}80}{2} \times 3{,}60$	$= 10{,}48$
Triangle	$\frac{2{,}80 \times 2{,}64}{2}$	$= 3{,}70$
		33,39

Lorsqu'un même profil a une partie en déblai et l'autre en remblai, on calcule séparément les aires correspondantes.

Le calcul des profils est une opération longue et fastidieuse, même lorsqu'on mesure F'G', J'H' sur le dessin, au lieu de les calculer (204), aussi a-t-on cherché des procédés plus rapides pour obtenir l'aire avec une certaine approximation.

209. Roulette Dupuit. La *roulette Dupuit* se compose d'une

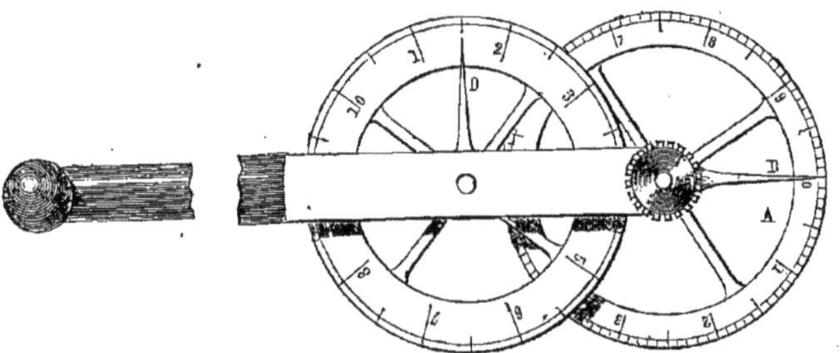

roue A ayant 100 millimètres de circonférence; un index B est fixé au manche, l'axe de la première roue porte un pignon qui conduit une roue seconde ayant dix fois plus de dents que le pignon. La circonférence de la seconde roue est divisée en dix parties égales, et chaque division, indiquée par un index D, correspond à un tour de la première roue ou à 100 millimètres. Pour mesurer une droite avec la roulette, on fait tourner les roues jusqu'à ce que le zéro de chaque graduation soit sous l'index correspondant, puis, plaçant l'instrument verticalement et le point O à l'extrémité de la ligne, on suit la droite avec la roue A. Admettons que l'index D soit au delà de la dixième division et que B marque cinq divisions plus trois subdivisions, la longueur sera 253 millimètres.

210. Évaluation approximative d'un profil en travers. Après avoir tracé une fois pour toutes, sur un papier transparent, ou mieux sur une mince lame de corne, un réseau de parallèles équidistantes éloignées de $0^m,005$ les unes des autres, on place

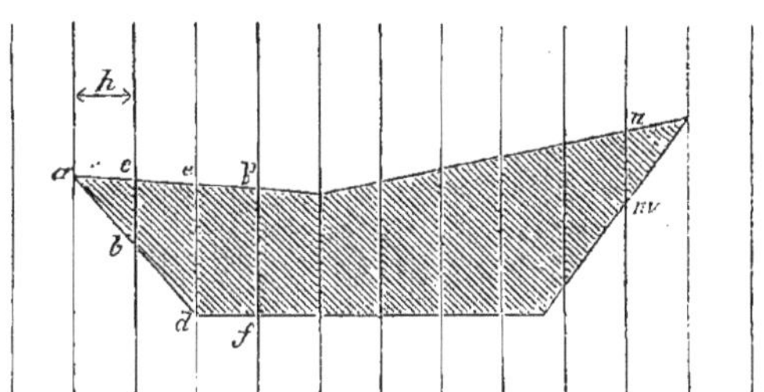

ce diagramme sur la surface à mesurer, en cherchant autant que possible à mettre les angles du profil sur les parallèles; puis, à l'aide de la roulette, on suit chaque ligne partielle comprise dans le périmètre donné, et le nombre lu donne en millimètres la somme des droites *bc*, *de*, *fg*, etc.

En considérant la surface du profil comme composée de trapèzes (39), on aurait :

$$\text{Aire} = \left(\frac{bc}{2} + \frac{bc+de}{2} + \frac{de+\ldots}{2} \ldots\ldots + \frac{\ldots+mn}{2} + \frac{mn}{2}\right) \times h$$
$$= (bc+de+fg+\ldots\ldots mn)h.$$

Mais les ordonnées *bc*, *de*, etc., sont à l'échelle de 5 millimètres par mètre (201); la longueur totale mesurée, soit 253 millimètres, correspond à $\frac{253}{5}$ mètres;

ou $\frac{253\times 2}{10} = 25{,}3\times 2 = 50$ mètres 60; *h* égale 5 millimètres et correspond au mètre, ainsi : aire$=50^m,60 \times 1^m = 50^{mq}\,60$; en un mot, avec le diagramme à 5 millimètres, pour avoir les mètres carrés, il faut *doubler* le nombre de *centimètres* que donne la lecture de la roulette ou *considérer le nombre lu* 25,3, comme la moitié de la surface du profil; c'est ce qu'on fait le plus souvent (211), et le demi-profil mesuré égale 25mq 30.

La roulette Dupuit donne l'aire à deux ou trois centièmes près (*Manuel des ponts et chaussées*); elle est employée continuellement pour les routes et les chemins vicinaux, et assez fréquemment pour l'étude des projets de chemins de fer.

Depuis quelque temps, les bureaux des ponts et chaussées ont été pourvus d'un *planimètre-polaire;* sur quinze épreuves faites au même profil, mais en variant la position de l'instrument, l'aire a toujours été obtenue à moins d'un centième; il suffit de suivre avec un *traçoir* le périmètre de la surface, et on opère très-vite lorsqu'on guide la pointe mobile à l'aide d'une règle ou d'un patron; néanmoins le planimètre-polaire est un instrument délicat que le moindre accident peut mettre hors de service.

211. L'évaluation des terrains à déblayer ou à remblayer est connue sous le nom de *cubatures des terrasses;* nous nous bornons à citer la *Méthode de la moyenne des aires;* c'est la seule qui soit usitée dans les ponts et chaussées et les chemins de fer.

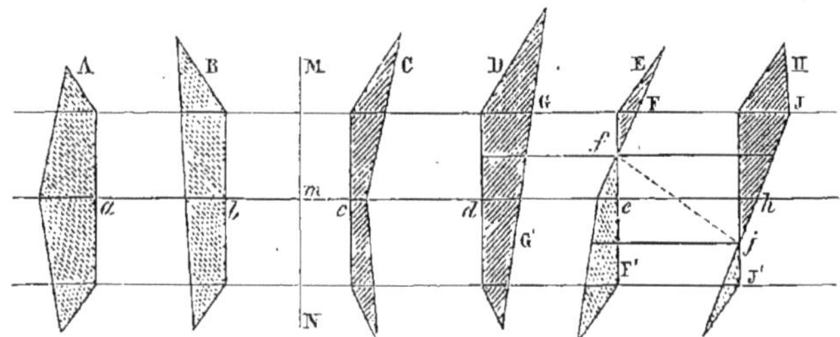

1er *Cas. Deux profils complétement en déblai,* tels que A et B, ou complétement en remblai, tels que C et D. Il faut multiplier la demi-somme des profils par l'entre-profil :

$$V = \frac{A+B}{2} \times ab \quad \text{et} \quad V = \frac{C+D}{2} \times cd.$$

2e *Cas.* Un profil B en déblai et l'autre C en remblai. On divise l'entre-profil bc en parties bm, mc, proportionnelles aux aires des deux profils.

On a donc $bm = \dfrac{bc \times B}{B+C}$ et $mc = \dfrac{bc \times C}{B+C}$ } Puis on multiplie la moitié de B par bm, et la moitié de de C par mc.

$$\text{Déblai} = \frac{B}{2} \times \frac{bc \times B}{B+C} \quad \text{ou} \quad \text{déblai} = \frac{B^2 \times bc}{2(B+c)},$$

$$\text{et remblai} = \frac{C}{2} \times \frac{bc \times C}{B+C} \quad \text{ou} \quad \text{remblai} = \frac{C^2 \times bc}{2(B+c)}.$$

Le point m ainsi déterminé est nommé point de passage, mais il en résulte un certain inconvénient, car il n'a rien de commun avec le point de même nom du numéro 205.

3e *Cas*. Un profil D en remblai et un profil E partie en remblai F, partie en déblai F'. Par le point f de passage (205), il faut mener une parallèle à l'axe et diviser ainsi le profil D en deux parties G et G'; G et F rentrent dans le 1er cas; G' et F' dans le second.

4e *Cas*. Chaque profil E et H est partie en remblai et partie en déblai.

Si les parties se correspondent comme cela a lieu ordinairement, on considère simultanément F et J (1er cas); puis F' et J' (1er cas).

On pourrait aussi, par les points de passage f et j, mener des parallèles à l'axe et décomposer les profils en trois parties dont les extrêmes correspondraient au premier cas et l'intermédiaire au second.

212. Lorsque l'axe est courbe, l'entre-profil est la distance curviligne mesurée sur l'axe, comprise entre les deux profils; les déblais et les remblais sont évalués par l'emploi des formules du numéro précédent. La différence entre le volume réel et le volume ainsi obtenu est très-petite dès que le rayon a 300 mètres; et dans les routes et chemins vicinaux où les rayons descendent parfois à 10 ou 15 mètres, les mouvements de terre sont beaucoup moins considérables que dans les chemins de fer.

Les ponts et chaussées cherchent à établir dans un faible parcours une certaine compensation entre les déblais et les remblais, afin que les frais de transport soient peu élevés; mais sans dédaigner ces considérations, les bureaux du tracé des chemins de fer n'en font qu'une question très-secondaire, ou du moins la compensation qu'ils établissent correspond parfois à un long parcours.

LAVIS DES PLANS

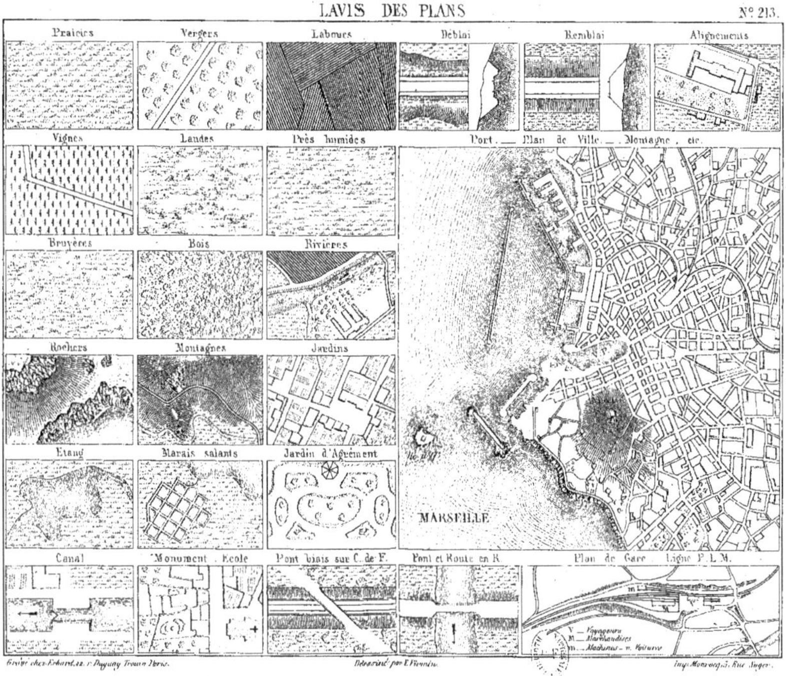

Prairies — Vergers — Labours — Déblai — Remblai — Alignements

Vignes — Landes — Prés humides — Port. — Plan de Ville. — Montagne, etc.

Bruyères — Bois — Rivières

Rochers — Montagnes — Jardins

Etang — Marais salants — Jardin d'Agrément

MARSEILLE

Canal — Monument . Ecole — Pont biais sur C. de F. — Pont et Route en R. — Plan de Gare . Ligne P. L. M.

V. — Voyageurs
M. — Marchandises
m. — Machines — v. Voitures

Gravé chez Erhard, 12, r. Duguay Trouin Paris. — Dessiné par E. Viennin. — Imp. Monrocq, 3, Rue Suger.

NOTES

I. — Lavis des plans.

213. Les indications les plus minutieuses *ne valent pas un bon modèle.*

Nous supposons connu l'emploi des principales couleurs ainsi que les mélanges qui donnent les teintes conventionnelles : rappelons cependant que le violet s'obtient avec du carmin et du bleu ; le vert clair, avec du jaune et de l'indigo ; le vert sombre ou vert glauque, avec du jaune et du bleu de Prusse. Le vert que donne la gomme-gutte est plus brillant que celui qu'on obtient avec le jaune d'or ; pour les teintes plates étendues, à la sépia, il faut préférer la terre de Sienne, plus ou moins voilée par une légère teinte d'encre de Chine.

REMBLAI.	Rose (teinte faible de carmin) ; dans les modèles gravés le remblai est désigné par des hachures.
DÉBLAI.	Jaune, dans la gravure un pointillé le recouvre.
VILLES, VILLAGES.	Dans les plans d'ensemble, lorsque les champs sont lavés, les habitations reçoivent une teinte rose, parfois relevée par un filet au carmin du côté de l'ombre. Dans les plans parcellaires, les habitations reçoivent une teinte faible d'encre de Chine ; les parties soumises à l'alignement et sur lesquelles on pourra bâtir, ont une teinte rose ; les parties à démolir ont une teinte jaune.

Établissements publics. — Teinte d'encre de Chine assez foncée et parfois très-noire, surtout pour les monuments, ou teinte foncée de carmin.

Arbres. — Vert avec un point jaune, sauf pour les conifères; quelquefois on dessine l'ombre.

Bois, forêts. — Fond vert clair et quelquefois points jaunes sur les touffes, du côté éclairé, avec quelques retouches de vert plus sombre. Vert glauque surtout pour les conifères.

Broussailles. — Analogues au bois, mais les retouches disséminées, peu nombreuses.

Haies. — Filet de couleur verte, relevé par quelques coups irréguliers donnés à l'aide de la plume.

Prairies. — Vert clair; un pointillé plus ou moins régulier les recouvre parfois; comme c'est un travail long et minutieux, il est généralement supprimé aujourd'hui.

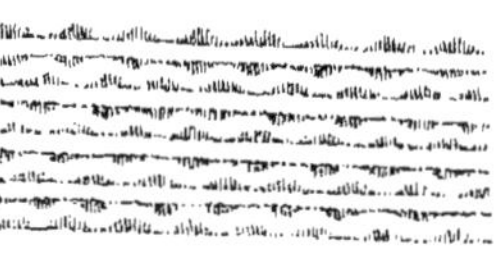

Vergers. — Vert moins intense que pour les prairies; les arbres dessinés en quinconces, mais avec moins de détail que les arbres isolés.

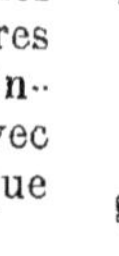

Terres labourables — Ton de sépia, relevé de lignes plus fortement teintées, parallèles entre elles, mais tracées au pinceau; on peut aussi re-recouvrir la teinte plate du pointillé suivant fait à l'encre de Chine.

VIGNES	Ton violet; aujourd'hui on se borne à recouvrir le fond de points en quinconce. Quand le travail est peu considérable, on figure les ceps.
JARDINS.	Liseré vert clair pour les bordures; les carrés reçoivent des teintes de diverses couleurs.
SABLES.	Terre de Sienne brûlée; le sable reçoit aussi un pointillé. 
RIVIÈRES, FLEUVES, ÉTANGS.	Bleu clair, rendu plus fort vers les bords du cours d'eau.
MERS.	Bleu plus sombre que pour les lacs, les étangs.
MARAIS.	Flaques d'eau sur un fond vert clair.

Ecritures des Plans

Titre principal

CAPITALE DROITE

Titre secondaire

CAPITALE PENCHÉE

Détails

Romain droit

Romain penché

Italique

Pour encadrement, on ne fait plus qu'un simple trait au tire-ligne; les filets grecs sont tombés, avec raison, dans le plus complet discrédit.

II. — Drainage.

215. Le *drainage* est l'art d'assainir les terrains envahis par des eaux dépourvues d'écoulement, au moyen de rigoles couvertes destinées à les recueillir et à les conduire à des canaux de décharge.

Tout propriétaire intelligent peut diriger lui-même les travaux nécessaires pour l'assainissement des terres.

Il faut d'abord lever le plan du terrain et en effectuer le nivellement général. Après avoir déterminé les points importants et les courbes de niveau (178), il est facile de fixer la direction des rigoles et des fossés qui peuvent servir à l'écoulement des eaux et où doivent être placées les principales bouches des drains collecteurs, ainsi que le canal de décharge.

Les lignes plus ou moins sinueuses qui sont au fond de la dépression qui sépare deux éminences voisines et les lignes de partage des eaux, sont normales aux courbes de niveau aussi bien que les lignes de plus grande pente.

Les lignes de dépression et les lignes de faîte, et quelques autres qui dépendent du choix plus ou moins judicieux de l'opérateur, divisent le terrain en sections naturelles, suivant lesquelles doivent être établis les drains collecteurs.

Pour tracer dans chaque division du terrain la direction des petits drains, on mène des lignes parallèles entre elles et dirigées autant que possible dans le sens de la plus grande pente, afin de faciliter l'écoulement des eaux; d'ailleurs, dans cette position, le drain exerce une égale action sur le sol qui l'avoisine à droite et à gauche.

Lorsque la déclivité du sol est trop prononcée, si elle dépasse 15 à 20 centimètres par mètre, on incline les drains par rapport à la ligne de plus grande pente; mais comme leur action devient moins sensible du côté où le terrain s'incline, il faut les rapprocher plus ou moins suivant qu'ils sont plus ou moins inclinés. Le tuyau placé parallèlement à la courbe de niveau n'a d'action sensible que sur la partie supérieure du terrain.

Les drains principaux ou collecteurs ont ordinairement de 6 à 8 centimètres de diamètre et peuvent recevoir les eaux de 2 à 4 hectares, tandis que les petits drains ont environ 30 à 35 millimètres de diamètre, et leur longueur ne doit pas dépasser 350 mètres; on ne fait pas déboucher directement ces derniers dans le canal de décharge, mais bien dans les collecteurs, afin de réduire le nombre des ouvertures de sortie que les animaux et les plantes tendent toujours à obstruer.

On doit aussi éviter de faire rencontrer deux lignes de drains en un même point du collecteur.

Soit à drainer le terrain ABCDE sur lequel sont indiquées les principales courbes de niveau.

Le canal de décharge est naturellement indiqué par le ravin FG. De plus, la disposition du sol permet d'établir des drains collecteurs suivant les directions HI, CG...

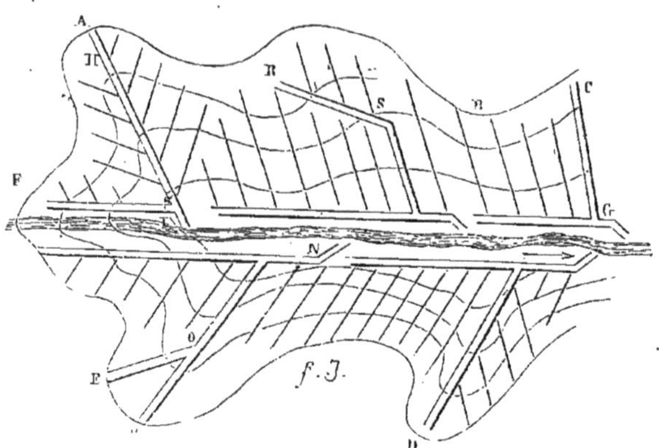

Quelques collecteurs, tels que RS, OL, viennent se réunir à des drains plus importants, et tous aboutissent au canal de décharge.

Les drains des sections adjacentes au canal, au lieu de déboucher directement dans ce canal, sont réunis par des drains collecteurs. A cause de la déclivité du sol dans la section NPDG, les drains sont inclinés par rapport à la ligne de plus grande pente, mais ils sont plus rapprochés les uns des autres.

La direction des drains une fois tracée, on ouvre des tranchées suivant ces directions et à des profondeurs qui peuvent varier de 0m90 à 1m20. Il faut réduire la largeur autant que possible, afin de diminuer les fouilles à exécuter.

Le fond de la tranchée doit avoir une pente uniforme; cette pente

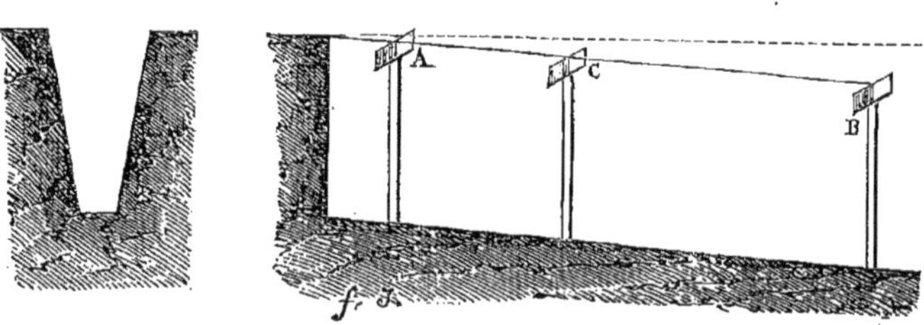

doit être au moins de 2 millimètres par mètre; elle ne doit pas dépasser 15 à 20 millimètres, pour éviter les dégradations que pourrait causer la vitesse de l'eau.

Pour établir cette pente uniforme, on emploie deux jalons ou nivelettes A et B; on les place de manière que la droite AB ait la pente voulue (188). Une troisième nivelette C, dont on pose le pied de distance en distance au fond de la tranchée, doit affleurer à sa partie supérieure la ligne de visée.

On emploie généralement aujourd'hui des tuyaux cylindriques de 3 à 4 décimètres de longueur et dont le diamètre varie suivant l'importance du drain.

Les tuyaux sont placés bout à bout, et leurs extrémités sont engagées dans des manchons ou colliers qui leur permettent de conserver leur position respective. On les cale au fond de la tranchée au moyen de quelques petites pierres ou à l'aide de mottes de terre soigneusement appliquées sur les manchons.

Le raccordement s'effectue au moyen d'une ouverture pratiquée dans le tuyau collecteur et à laquelle vient s'ajuster le petit drain.

Quelquefois on remplace les tuyaux par un canal C formé par des dalles inclinées: mais il faut éviter de procéder ainsi, car ce canal sert

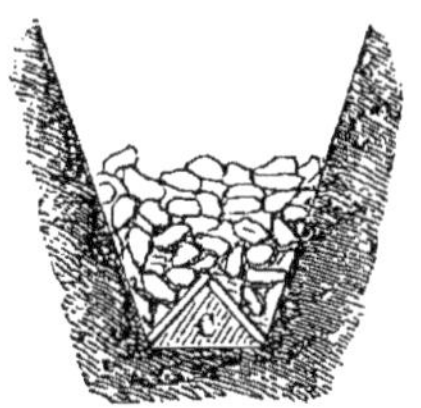

de refuge aux petits animaux. Pour éviter cet inconvénient, on peut remplir la tranchée de pierres concassées. Ce procédé rend de grands services lorsqu'on opère sur un terrain qu'il s'agit d'épierrer, parce qu'on évite des frais de transport assez considérables.

Dans ce cas, la pente uniforme de la tranchée doit être au moins de 5 à 6 millimètres par mètre.

III. — Table des tangentes et des cordes.

Angles	Tangentes	Cordes	Angles	Tangentes	Cordes	Angles	Cordes
1	0,017	0,017	41	0,869	0,700	81	1,299
2	0,035	0,035	42	0,900	0,717	82	1,312
3	0,052	0,052	43	0,933	0,733	83	1,325
4	0,070	0,070	44	0,966	0,749	84	1,338
5	0,087	0,087	45	1,000	0,765	85	1,351
6	0,105	0,105	46	1,036	0,782	86	1,364
7	0,123	0,122	47	1,072	0,798	87	1,377
8	0,141	0,140	48	1,111	0,814	88	1,389
9	0,158	0,157	49	1,150	0,829	89	1,402
10	0,176	0,174	50	1,192	0,845	90	1,414
11	0,194	0,192	51	1,235	0,861	91	1,427
12	0,213	0,209	52	1,280	0,877	92	1,437
13	0,231	0,226	53	1,327	0,892	93	1,451
14	0,249	0,244	54	1,376	0,908	94	1,463
15	0,268	0,261	55	1,428	0,924	95	1,475
16	0,287	0,278	56	1,483	0,939	96	1,486
17	0,306	0,296	57	1,540	0,954	97	1,498
18	0,325	0,313	58	1,600	0,970	98	1,509
19	0,344	0,330	59	1,661	0,985	99	1,521
20	0,364	0,347	60	1,732	1,000	100	1,532
21	0,384	0,365	61		1,015	101	1,543
22	0,404	0,382	62		1,030	102	1,554
23	0,424	0,399	63		1,045	103	1,565
24	0,445	0,416	64		1,060	104	1,576
25	0,446	0,433	65		1,075	105	1,587
26	0,488	0,450	66		1,089	106	1,597
27	0,510	0,467	67		1,104	107	1,608
28	0,532	0,484	68		1,118	108	1,618
29	0,554	0,501	69		1,133	109	1,628
30	0,577	0,518	70		1,147	110	1,638
31	0,601	0,535	71		1,161	111	1,648
32	0,625	0,551	72		1,176	112	1,658
33	0,649	0,568	73		1,190	113	1,668
34	0,675	0,585	74		1,204	114	1,677
35	0,700	0,601	75		1,218	115	1,686
36	0,727	0,618	76		1,231	116	1,696
37	0,754	0,635	77		1,245	117	1,705
38	0,781	0,651	78		1,259	118	1,714
39	0,810	0,668	79		1,272	119	1,723
40	0,839	0,684	80		1,286	120	1,732

4225. — Tours, impr. Mame.

LE

COURS ÉLÉMENTAIRE DE MATHÉMATIQUES

COMPREND LES OUVRAGES SUIVANTS :

Éléments d'Arithmétique.
— d'Algèbre.
— de Géométrie.
— de Trigonométrie.
— d'Arpentage et de Nivellement.
— de Géométrie descriptive.

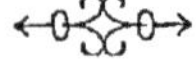

3607. — Tours, impr. Mame.

www.ingramcontent.com/pod-product-compliance
Ingram Content Group UK Ltd.
Pitfield, Milton Keynes, MK11 3LW, UK
UKHW021120220726
13924UKWH00004B/1832

9 782019 919597